Reiner Neumann – Alexander Ross

SOUVERÄN AUFTRETEN

Reiner Neumann – Alexander Ross

SOUVERÄN AUFTRETEN

Rhetorik – Präsentation – Argumentation

HANSER

FSC
Mix
Produktgruppe aus vorbildlich bewirtschafteten Wäldern und anderen kontrollierten Herkünften
Zert.-Nr. GFA-COC-001262
www.fsc.org
© 1996 Forest Stewardship Council

Das für dieses Buch verwendete FSC-zertifizierte Papier Munken Premium liefert Arctic Paper Mochenwangen GmbH.

Bibliografische Information der Deutschen Nationalbibliothek
Die Deutsche Nationalbibliothek verzeichnet diese Publikation in der Deutschen Nationalbibliografie; detaillierte bibliografische Daten sind im Internet über http://dnb.d-nb.de abrufbar.

1 2 3 4 5 6 12 11 10 09

Dieses Werk wurde vermittelt durch die Michael Meller Literary Agency GmbH, München.

Internet: http://www.hanser.de
Lektorat: Martin Janik
Herstellung: Ursula Barche
Umschlaggestaltung: Büro plan.it, München, unter Verwendung eines Bildmotivs von © Tommy Toons-Fotolia
Satz: Manuela Treindl, Laaber
Druck und Bindung: Friedrich Pustet, Regensburg
Printed in Germany

ISBN 978-3-446-41954-4

VORWORT

Wie beurteilen wir andere Menschen? Vor allem daran, was wir selbst wahrnehmen können, und nach dem Eindruck, den sie auf uns machen – sei es virtuell im Web 2.0 oder bei ganz realen Begegnungen überall auf der Welt. Ob Sie sich für ein YouTube-Video vor die Kamera stellen oder mit einem ganz normalen „Auftritt unplugged" vor anderen Menschen gefordert sind – es zählt immer, wie Sie erscheinen und wirken.

Genau das beeinflusst auch ganz wesentlich unseren Erfolg im Beruf. Der Soziologieprofessor Michael Hartmann forscht seit Langem über Eliten und untersuchte dazu die Berufswege von über 6 500 Akademikern über mehrere Jahrzehnte hinweg. Sein Fazit: Karrieren kommen nicht durch Leistung allein zustande. Es sind vielmehr ganz bestimmte stabile, dominante Begleitfaktoren wie Habitus, Auftreten und Souveränität, die den Unterschied machen.

Souveränes Auftreten ist das Thema dieses Buches. Souverän zu sein heißt, die unterschiedlichen Bedeutungen des Wortes zu erfüllen: selbstsicher und überlegen, aber auch selbstbestimmt und eigenverantwortlich. Souveränität ist nun mal keine halbe Sache – nicht bei Staaten, aber erst recht nicht bei Menschen.

Souveränes Auftreten hat mehrere Dimensionen, die im Ergebnis zusammenfließen. Entsprechend umfassend ist unser Ansatz: Vom ersten Eindruck über die Körpersprache bis zur Kleidung, von der Kommunikation mit Sprache und Rhetorik über das Argumentieren und Präsentieren bis hin zum souveränen Auftritt im Medienkontakt. Wir zeigen die Fußangeln und Fallen, aber vor allem in der Praxis bewährte Kunstgriffe und Kniffe, die Ihnen nützen.

Denn praxisferne Empfehlungen gibt es leider genug. Wir kennen sie von zahlreichen Trainern und Trainerinnen, aus vielen Seminaren, Büchern und auch aus unkritischen Zeitungsartikeln zum Thema. Wir stellen immer wieder fest, dass zahlreiche eingängige Trainingsmantras in der beruflichen Realität von Aufgabe, Rolle und Verantwortung nicht weiterhelfen. Deshalb benennen wir in diesem Buch auch kritisch eine Reihe von Ratschlägen, die wir für riskant halten, und wir zeigen, warum sie sogar gefährlich für Sie werden können.

Um an dieser Stelle nur ein Beispiel zu nennen: Auffallend viele Trainer raten dazu, schnell und schlagfertig zu kontern. Auf alle Fälle schlagfertig – koste es, was es wolle. Zum Beispiel den Job. Es ist ja auch einfach, Tipps zu geben, wenn man die Folgen nicht ausbaden muss. Denn damit müssen dann die scheinbar trainierten Teilnehmer klarkommen. Wie Sie eleganter und sicherer argumentieren können, erfahren Sie im Kapitel 5 dieses Buches.

Viele Menschen möchten auch gerne authentisch wirken, natürlich und unverbogen, so wie man „in Wirklichkeit" ist. Aber oft genug muss man eine bestimmte Rolle einnehmen und eine Aufgabe erfüllen, die einen Konflikt mit diesem Wunsch bedeuten kann. Wer dabei nicht leiden und unglücklich werden will, muss sich fragen: Was kann ich tun?

Auch in unseren Veranstaltungen bekommen wir diese Frage oft von Teilnehmern gestellt. Und immer wieder finden diese im Training die Antwort: Gerade wer authentisch wirken will, muss souverän auftreten können – sonst wird nur für alle sichtbar, dass man mit der Situation nicht klarkommt. Mit authentischem Versagen ist niemand geholfen, am wenigsten Ihnen selbst. Deshalb stellen wir Ihnen zahlreiche Möglichkeiten vor, wie Sie den Weg zum souveränen Auftritt selbst und sicher gehen können.

Denn darin kennen wir uns aus: Wir trainieren viele Menschen aus Unternehmen der unterschiedlichsten Branchen und Größenordnungen, darunter alle DAX-Konzerne. Dabei erhalten unsere Trainings seit Jahren durchgehend beste Bewertungen und Referenzen. Für unsere Teilnehmer macht den Unterschied, dass bei uns drei Faktoren zusammenwirken: die wissenschaftliche Fundierung in den Disziplinen Psychologie und Kommunikationswissenschaft, ebenso eigene Führungserfahrung und Verantwortung in Managementpositionen. Und natürlich die große Zahl erfolgreicher Teilnehmer in unseren Trainings, Coachings und Seminaren – rund 15 000 Menschen in 20 Jahren.

Von unserer Erfahrung ist viel in dieses Buch mit eingeflossen, um auch Sie näher an Ihr Ziel zu bringen: als kompetente Persönlichkeit sichtbar zu sein, zu überzeugen und positiv im Gedächtnis zu bleiben. Viel Erfolg!

Berlin, im Juli 2009
Reiner Neumann
Alexander Ross

INHALT

1

EINDRUCK

Die Macht des ersten Moments

Als das große Foto in der Zeitung mit den großen Buchstaben zu sehen war, wussten alle auf den ersten Blick, was von ihr zu halten war: Blond, gepflegt, im sündhaft teuren Zobelmantel und mit makellosen Zähnen lachend – diese Hingucker bescherten der Unternehmerin Maria-Elisabeth Schaeffler monatelang böse Schlagzeilen. Denn als das milliardenschwere Familienunternehmen den DAX-Konzern Conti übernehmen wollte, geriet es durch die Finanzkrise plötzlich selbst in höchste Not und suchte staatliche Finanzhilfe.

Eine völlig neue Situation für die erfolgsgewohnte fränkische Unternehmerin, die von ihrem vor Jahren verstorbenen Ehemann mit der Macht auch die Verantwortung für die bis dahin wenig bekannte, aber marktstarke Firmengruppe und Tausende von Mitarbeitern erbte. Doch dieses eine Foto war genug, um den Eindruck von der „Zockerin im Pelz“ (*Focus*) zu schaffen.

Ganz anders jedoch war das Bild, als sich Maria-Elisabeth Schaeffler dann mit der IG Metall an einen Tisch setzte, um gemeinsam über die Rettung des Unternehmens zu verhandeln. Da wurde aus der wallend toupierten Mähne ein streng zurückgebundener Zopf und um den Hals trug sie einen roten Schal – den „Schal der Bettlerin“, wie die *Frankfurter Allgemeine* ihn nannte. Ein

Gang nach Canossa, bußfertig und demütig. Fertig war das Bild der Unternehmerin, die sich mit ihren Mitarbeitern solidarisierte. Wir sehen: Jeweils ein Blick reichte, und dem Betrachter wurde ein komplettes Bild von der Person und von der Situation vermittelt. Für manche war Frau Schaeffler vielleicht immer noch „die listige Witwe", wie sie das *Manager Magazin* schon vor der Krise nannte. In jedem Fall war der Auftritt im ersten Fall authentisch, aber unbedarft und ohne Gespür für erwartbare Reaktionen, im zweiten Fall der Situation und den Erwartungen angemessen, das heißt den Effekt berechnend und den eigenen Nutzen erfüllend.

Frau Schaeffler ist nur ein, wenn auch sehr bekanntes Beispiel für die große Wirkung des ersten Eindrucks – und die allzu oft fatalen Folgen, wenn dieser Eindruck unterschätzt wird. Denn wenn wir eine andere Person zum ersten Mal sehen, machen wir uns sofort ein Bild und dies in Bruchteilen von Sekunden. Zwischen 150 Millisekunden und 90 Sekunden dauert dieser Rundum-Check. Dann steht unser Urteil. Wir entscheiden spontan, was von dem anderen zu halten ist und welche Eigenschaften er hat. Ein Relikt der menschlichen Entwicklungsgeschichte, nützlich und schwierig zugleich.

Zum ersten Eindruck tragen ineinander verwoben all die Elemente bei, die unser Auftreten und unsere Wirkung bestimmen – Gesichtsausdruck, Stimme, Gestik, Körperhaltung, Kleidung, die Art und Weise, wie wir angesprochen werden. Die zuerst wahrgenommenen Kriterien sind das Alter, das Geschlecht und die Attraktivität. Vor allem werden hier die Mimik, der Gang, der Geruch – bei ausreichender Nähe der Personen zueinander – und die Stimme beachtet. Lachen wird als Freundlichkeit interpretiert, ein fester Blickkontakt als Selbstsicherheit. Für die

Einschätzung der Klugheit ist die Sprechweise ein wichtiger Indikator, besonders flüssige und saubere Formulierungen unterstützen diesen Eindruck. Lautes Sprechen wird als Anzeichen für Geselligkeit und Selbstsicherheit gedeutet, ruhige Bewegungen als weiteres Merkmal für Selbstsicherheit und ausladende Bewegungen deuten auf Geselligkeit.

Signale und Sichtbarkeit

Viel hängt von der Wirkung der Signale ab: Deutliche Signale werden eher als undeutliche wahrgenommen, ein dominantes Signal kann alle anderen überstrahlen. Die betreffende Person wird dann schnell nach nur diesem einen Merkmal beurteilt. Ein eventueller Mangel an erkennbaren Signalen wird als Langeweile interpretiert, denn der Beobachter braucht dann zu lange, um sich ein Bild zu machen. Mit der Überprüfung unserer ersten Eindrücke lassen wir uns durchaus Zeit. Nach frühestens 90 Sekunden beginnen wir, die Spontanurteile des ersten Eindrucks zu überprüfen.

Das gilt gerade auch für Situationen, in denen wir glauben, dass es nicht so darauf ankommt, zum Beispiel in Trainings und Seminaren. In vielen unserer eigenen Seminare sprechen wir mit den Teilnehmern im Verlauf der Veranstaltung auch darüber, was ihnen so durch den Kopf gegangen ist, als sie die anderen in der Gruppe bei Seminarbeginn zum ersten Mal sahen. Die Einschätzungen sind durchgängig und über Jahre hinweg gleich: Wer ist zur Erholung hier und wer möchte arbeiten? Wer ist endlich einmal der Knochenmühle daheim entronnen und wer weiß sehr wohl, dass er auch im Training sein

Unternehmen vertritt? Die Variationsbreite ist dabei erheblich: Da gibt es den nicht mehr ganz so athletischen Mittvierziger, der bei warmem Wetter ungeniert in kurzen Hosen, mit T-Shirt und Sandalen kommt. Oder die Frau, die im Seminar endlich einmal zeigen kann, was wirklich alles an ihr dran ist. Der Stolz der Trägerin ist oft genug berechtigt, aber ist es wirklich geeignet als sichtbare Aussage über sich selbst? Sie treffen in solch einer Veranstaltung vielleicht den Mitarbeiter eines Kunden oder Ihre neue Chefin – wer weiß das denn vorher? Oft genug lernt man auch Menschen kennen, die später noch wichtig werden können. Denken Sie deshalb auch daran und schauen Sie, dass Ihr Outfit und Ihr Auftritt – ob im Seminar oder am Flughafen – wirklich das ausdrückt, wofür Sie in Erinnerung bleiben wollen.

Entscheidende Elemente bei der Frage, ob wir unser Gegenüber als attraktiv wahrnehmen, sind nur wenige Merkmale. Vor allem fallen hier die annähernde Symmetrie des Körpers als Zeichen von Gesundheit und eine gleichmäßige Hautfarbe ins Gewicht. Wir achten unbewusst auf das Verhältnis von Taille zu Hüfte – bei Männern liegt die ideale Proportion bei 0,9 und bei Frauen bei rund 0,7. Bevor Sie jetzt als Mann oder Frau die Stirn runzeln (das macht nur Falten ...) und uns obskurer Fit-for-fun-Ideologien verdächtigen: Es sind echte wissenschaftliche Forschungsergebnisse. So beschäftigte sich der US-amerikanische Psychologe und Evolutionsbiologe Devendra Singh schon in den 90er-Jahren mit dem Taille-Hüfte-Quotienten als Maß für Attraktivität und konnte belegen, dass Frauen im Bereich 0,68 bis 0,72 als besonders attraktiv wahrgenommen werden. Obwohl Frauen über die Jahre hinweg immer schlanker wurden, blieb das Taille-Hüfte-Verhältnis etwa gleich, wie die Forschung belegt. So lag das Taille-Hüfte-Verhältnis von *Playboy*-Playmates der Jahre von 1955 bis 1990 und der jeweiligen Miss America von 1923 bis 1987 zwischen 0,68 und 0,72 und bestätigt: Es gibt diese Konstanten der zwischenmenschlichen Wahrnehmung, und wir sollten sie nicht ignorieren. Eine besondere Rolle in unserem Kulturkreis spielt bei Frauen auch die Farbe Rot. Frauen in roter Kleidung oder mit einem roten Kleidungsteil werden wir – bei vergleichbarem Äußeren – nahezu immer als attraktiver beurteilen.

Negative Emotionen werden schneller wahrgenommen als positive, besonders auf vermutliche Bedrohungen, wie zum Beispiel einen ärgerlichen Gesichtsausdruck, reagieren wir besonders schnell. Die Abwesenheit klarer positiver Signale wird meist als negative Gestimmtheit interpretiert.

Die wichtigsten positiven Faktoren des ersten Eindrucks sind die der Offenheit anderen gegenüber. Dies zeigen wir durch Körperhaltung und Blickkontakt. Eine entspannte Körperhaltung lädt andere zum Kontakt ein, ebenso stark und positiv wirkt das Lächeln unseres Gegenübers. Menschen mit einer gefühlsmäßig angenehmen, warmen Ausstrahlung sind uns grundsätzlich lieber als verschlossene, frostige Typen. Die entscheidenden Elemente der Körpersprache sind hierbei die Aufmerksamkeit für andere, also die körperliche Hinwendung, Lächeln und Nicken.

Primäreffekt und Kategorien

Doch ist es fair, dass der erste Eindruck eine so große Bedeutung hat? Ist es richtig und klug, sich auf der Basis so weniger und flüchtiger Informationen ein Bild vom anderen zu machen? Nun, fair ist es sicher nicht, doch wir können dieses Verhalten kaum steuern. Und hinzu kommt noch, dass die ersten Informationen, die wir von anderen Personen bekommen, immer einen stärkeren Einfluss ausüben als spätere. Die Verhaltenswissenschaft nennt das den „primacy effect“, den Primäreffekt genau dieser ersten Wirkung. Und der erste Eindruck ist in der Tat recht hartnäckig. Menschen handeln so, als ob ihre ersten Erfahrungen oder Informationen die Wahrheit über eine Sache repräsentieren.

Einfach, schnell und sicher ein Bild von anderen zu bekommen ist ein alter Wunsch, vermutlich so alt wie die Menschheit. Wir neigen nun einmal alle dazu, Menschen in Kategorien einzuordnen, sie zu klassifizieren. Und es ist ja eigentlich auch gar nicht schlecht, hilft es uns doch, Urteile schnell zu fällen.

So hat sich herausgestellt, dass wir Verbindungen zwischen Eindrücken dann schneller herstellen, wenn wir diese Eindrücke aufgrund ihrer Merkmale miteinander assoziieren. Darauf weist Malcolm Gladwell, Redakteur des US-Magazins *New Yorker*, in seinem Buch *Blink* hin. Solche Verbindungspaare sind zum Beispiel Größe und Macht oder gutes Aussehen und Intelligenz. Besonders bei Männern deuten viele Befunde darauf hin, dass Größe im beruflichen Wettkampf Vorteile bietet. So belegt eine Untersuchung unter den Vorständen der 500 größten US-Unternehmen, der „Fortune 500“, dass die Vorstandsvorsitzenden dieser Unternehmen in der Mehrheit nicht nur weiße Hautfarbe haben, sondern dass 58 Prozent von ihnen im Mittel 180 Zentimeter groß oder größer sind. Es ist kein Zufall: Wir assoziieren bevorzugt Körpergröße und Führungsstärke, etwa nach dem Motto, dass Menschen, zu denen wir aufschauen, uns auch in die richtige Richtung leiten können. Die Finanzkrise zeigt uns aber, wie wenig das stimmt: Viele der hochgewachsenen US-Bankvorstände machten als Versager in der Öffentlichkeit keine gute Figur.

Bei der Beurteilung anderer Menschen halten wir uns in der Regel auch für recht gute Menschenkenner, unabhängig davon, ob es auch wirklich so ist. Bestätigende Information wird also besonders aufmerksam registriert. Wir suchen weniger intensiv nach abweichenden Informationen oder ignorieren diese sogar. Für unsere Wahrnehmung bedeutet dies: Der erste Eindruck funktioniert wie ein Filter. Den anderen betrachten wir durch diesen Filter. Wir treffen auf Menschen und wissen in der Regel sofort Bescheid. Unseren ersten Eindruck sortieren wir nach Kategorien. Diese Stereotype haben wir aufgrund unserer Erfahrung, unserer Nationalität, aufgrund unserer kulturellen Identität und anhand anderer Faktoren gebildet. Wir wissen einfach: Blondinen sind etwas einfältig, Frauen reden mehr als Männer, Männer können keine Gefühle zeigen, Mathematiker sind ruhige und zurückgezogene Typen, Schwule haben einen besseren Geschmack, erfolgreiche Sportler sind auch immer erfolgreich im Geschäftsleben und Kinder aus Unternehmerfamilien haben einfach ein eingebautes Unternehmer-Gen.

Mit einem Wort: Wir haben eine Neigung, Menschen in Kategorien einzuordnen. Das hilft uns, schnell ein Urteil auf der Basis unserer Erfahrungen zu fällen und unser Handeln daran auszurichten. Wir machen allerdings in der Regel den systematischen Fehler, die Unterschiede zwischen Personen aus einer Kategorie (zum Beispiel Manager, Künstler oder Politiker) zu unterschätzen und die Unterschiede zwischen Kategorien ebenso zu überschätzen („Frauen können nun mal nicht so gut einparken wie Männer“). Informationen, die nicht zu unseren Erwartungen passen, nehmen wir schlechter oder gar nicht wahr.

Stereotype und Vorurteile

Wir neigen ebenfalls dazu, den Zusammenhang zwischen den einzelnen Aspekten einer Persönlichkeit falsch einzuschätzen. Wir nehmen dort scheinbare Korrelationen zwischen Variablen an, wenn diese Verhaltensweisen in unser Bild passen. Ein Beispiel dafür sind die weitverbreiteten Stereotypien der Geschlechter. Verhaltensweisen von Frauen oder Männern werden immer dann aufmerksamer wahrgenommen, wenn sie in unser Schema passen, so wie unser Beispiel mit dem Einparken, das vermeintlich mangelhafte Orientierungsvermögen oder die größere Teamfähigkeit von Frauen.

Diese Stereotype finden wir auch in den Produkten der Medien und ihrer Darstellung. Artikel zu diesen Themen tragen dann Titel wie „Frauen führen anders“ oder „Frauen sind stark im Team“. Meist sind die Unterschiede zwischen den vielen Frauen eher größer als die zwischen allen Männern und allen Frauen, aber solche Kategorien und damit entsprechende Thesen sind eben wunderbar eingängig.

Besonders heftig bekommen dies gegenwärtig viele Menschen zu spüren, die etwas anders aussehen als der große Rest und darum beispielsweise mit dem Terrorismus in Verbindung gebracht werden. Ein irakischstämmiger US-Bürger wurde gezwungen, ein T-Shirt mit arabischen Schriftzeichen zu bedecken, bevor er ein Flugzeug in den USA besteigen durfte. Immerhin erstritt er danach in einem Vergleich mit der US-amerikanischen Behörde für Transportsicherheit und der Fluggesellschaft JetBlue Airways eine Entschädigung in Höhe von 240 000 Dollar. Dennoch passiert es jeden Tag aufs Neue: Die Fluggesellschaft AirTran setzte neun Muslime vor die Tür, weil sie vor dem Start einer Maschine angeblich die Sicherheit gefährdende Äußerungen gemacht haben sollen. Der Sprecher des Unternehmens erklärte zunächst, die Muslime „hätten Überlegungen angestellt, die sie niemals an Bord eines Flugzeugs hätten machen dürfen“. Viele Flugreisende würden sicher gerne wissen, was man nach Ansicht der Airline im Flugzeug sagen darf und was nicht. Immerhin entschuldigte sich das Unternehmen später.

Auch wenn es nicht immer gleich zu solchen verstörenden Überreaktionen kommt, so bleibt die Tatsache bestehen, dass wir auf der Basis dieser Informationen einen Eindruck formen. Wir meinen dann zu wissen, wie sie oder er wirklich ist und wie dieser Mensch sich zukünftig verhalten wird. Und an diesem erwarteten Verhalten richten wir natürlich wiederum unser Verhalten aus. Das bekommt die Person dann zu spüren.

Der US-amerikanische Soziologe Robert K. Merton, einer der Großmeister der Sozialwissenschaft, hat die Theorie der sich selbst erfüllenden Prophezeiung formuliert. Sie besagt im Wesentlichen, dass wir vieles in unserer Umwelt so beeinflussen, dass es mit unseren bestehenden Meinungen übereinstimmt. So werden wir natürlich bei einem Menschen, den wir positiv einschätzen, ein anderes Verhalten an den Tag legen als bei einem „Bösen“. Und da der andere wiederum auf unser eher offenes oder eben feindseliges Verhalten reagiert, schnappt die Falle zu. Hand in Hand geht dies mit dem bekannten Phänomen des sogenannten „Auto-Feedbacks“: Wenn wir lächeln, fühlen wir uns besser, und wenn wir grimmig schauen, hat auch das Auswirkungen auf unsere Stimmung.

Bleibt dieser erste Eindruck erhalten, und wie lange? Korrigiert werden kann der erste Eindruck – aber nur, wenn sich eine Gelegenheit dazu bietet. Bleiben die Parameter unseres Auftritts und der Wirkung unverändert, dann ist oft genug der erste Eindruck auch der letzte – und der bleibt dann leichter und länger im Gedächtnis. Es ist also besser für uns, wenn wir uns von Beginn an um einen guten ersten Eindruck bemühen. Beim ersten Eindruck sehen andere von uns natürlich nur einen winzigen Ausschnitt des möglichen Spektrums. Doch dieser winzige Ausschnitt ist im Moment der Begegnung zunächst einmal der einzige empirische Messwert. Damit repräsentiert er zunächst einmal 100 Prozent der Wahrnehmung der Person.

Fehler und Täuschungen im Urteil

Und dann machen Menschen bei der Beurteilung anderer auch gerne und oft Fehler, die unser Urteil beeinflussen. Drei der wichtigsten sollen hier genannt werden. Zum einen passieren oft Kontrastfehler: Das bedeutet zum Beispiel beim Vergleichen von Bewerbern untereinander, dass ein besonders guter oder ein besonders schlechter Bewerber als „Maßstab“ genommen wird. In diesem Vergleich schneiden andere zwangsläufig besonders schlecht oder besonders gut ab. Den tatsächlichen individuellen

Leistungen kommt man damit nicht näher. Nummer zwei bezeichnet man als Gewichtungsfehler, nämlich die Tendenz, besonderen negativen oder positiven Informationen mehr Gewicht beizumessen. Die unterschiedlichen Informationen werden dann nicht gleichwertig nebeneinander gesehen, bestimmte Faktoren bestimmen stärker das Ergebnis der Beurteilung als andere. Der dritte Fehler ist der sogenannte Halo-Effekt: Er entsteht dann, wenn sich Personen von isolierten Merkmalen blenden lassen, die alle anderen Verhaltensweisen „überstrahlen". Die Gesamtbeurteilung verschiebt sich dann entsprechend in eine positive oder negative Richtung. Dabei muss das gar nicht stimmen, sondern ist oft nur unserem Eindruck der Person geschuldet.

Diese Beurteilungsfehler sind zwar menschlich, aber durch entsprechendes Training zu kontrollieren. Denn es ist nicht nur unprofessionell und unfair gegenüber den anderen Menschen, zum Beispiel gegenüber Bewerbern um eine Stelle, sondern es kann zum echten Nachteil für das Unternehmen werden, wenn gute Bewerber deshalb künftig vielleicht für die Konkurrenz arbeiten.

All das führt uns zu den allgemeinen Grundlagen von Auftreten und Wirkung. Und diese Wirkung hat nur begrenzt mit unseren tiefer liegenden Qualitäten zu tun. Wie wir schon beim ersten Eindruck gesehen haben, sind äußere Merkmale meist wichtiger, als wir denken. Nehmen wir nur Fotografien: Unterschiedlich fotografiert – mal brav, mal geschäftlich, mal sexy und mal nachdenklich – wird ein und dieselbe Person von Personalchefs ganz unterschiedlich bewertet. Es ist leider eine gesicherte Erfahrung der Wissenschaft und ebenso der Praktiker im Management, dass die Palette der Eigenschaften, die wir dem Menschen auf dem Foto zuschreiben, von fleißig und zuverlässig über teamfähig und aufgeschlossen bis kontaktfreudig und begriffsstutzig reichen kann. Und dementsprechend werden Matthias Müller oder Susanne Schmidt mal zum Vorstellungsgespräch eingeladen – und im anderen Fall nicht.

Und auch dann, wenn die Entwicklung wie in den USA und in Großbritannien immer mehr dahin geht, auf Fotos im Lebenslauf zu verzichten – wer will schon gesichtslos durchs soziale Leben gehen? Denn ein Blick ins Internet und die zahlreichen Portale wie Facebook zeigen, wie wichtig Fotos sind. Vor allem zeigt sich dort immer wieder, dass ein gutes Porträtfoto eine Kunst für sich ist. Gelungene Bewerberfotos sollten aktuell sein, den Grunderwartungen der Betrachter, der Branche oder zumindest der Gemeinschaft entsprechen, in der wir uns aufhalten. Ein guter Mittelwert beim Ausdruck ist oft hilfreich, damit Sie also nicht zu leger und nicht zu gestelzt wirken. Und es ist auch besser, wenn Sie sich nicht wie ein Model oder ein Dressman inszenieren, sondern Ihrem Gegenüber einen fairen Blick darauf gönnen, wie Sie tatsächlich aussehen.

Wir sehen: Die Macht des ersten Eindrucks sollten Sie ernst nehmen. Es fängt schon damit an, selbst nicht denselben Fehler zu machen wie andere, die uns vielleicht unzutreffend einschätzen. Denn man selbst beurteilt für sich ja auch andere Menschen – wer hierbei auch auf Labels mit Merkmalen, Absichten und Eigenschaften setzt, macht Menschen zur Projektionsfläche der eigenen Erwartungen und Befürchtungen. Deshalb sollten Sie immer darauf achten, ob Sie in der Wahrnehmung bei anderen richtig oder falsch einsortiert sind. Denn sonst kann aus einem anfänglich kleinen leicht ein größerer Fehler gemacht werden. Nämlich dann, wenn man aus Vorsicht, mangelndem Selbstvertrauen oder schlichter Furcht sein

Verhalten in genau diese Bahnen lenkt, die den Eindruck dann noch verstärken. Dies kann in der Überbewertung von Reaktionen bestehen, in der Überinterpretation im Verhalten anderer mit dem Zurechtreimen der Gründe.

Am problematischsten ist jedoch fast immer das Abtauchen, weil man ja sowieso keine Chance hat – und dabei nicht bemerkt, dass man damit nur den bestehenden Eindruck bestärkt. Denn es gilt: Wer die Wahrnehmung der eigenen Person und seinen Eindruck verändern will, muss erst recht aus der Deckung kommen und Punkte machen, wo es nur geht.

2

KÖRPERSPRACHE

Wirkung, die Hand und Fuß hat

Wenn Alexander Prinz zu Schaumburg-Lippe zum Interview lädt, dann gibt es sicher wieder was Interessantes zu erzählen. Denn „Schaumi“, wie er der *Bild*-Zeitung zufolge auch genannt wird, bewohnt zwar nur elf von den 250 Zimmern seines Schlosses, aber als Vertreter eines geschichtsträchtigen Geschlechts ist er auch für allerlei Geschichten gut. Der *Focus*-Reporter achtet dabei auf die Tonspur des Prinzen, aber auch auf das, was der Leser nicht sieht. Zum Beispiel die Körpersprache des Oberhaupts eines alten Adelsgeschlechts: „Er sitzt auf einem cremefarbenen Sofa im Roten Salon des Schlosses, im Rücken ein Kissen mit Leopardenmuster, und wann immer er etwas äußert, das er für bedeutungsvoll hält, beugt er sich nach vorn zum Tonbandgerät, als wolle er sich vergewissern, ob es die Worte auch wirklich festhält.“

Die Körpersprache gilt als die älteste Form der Kommunikation, sie ist entwicklungsgeschichtlich lange vor der gesprochenen Sprache entstanden. Und auch der moderne Mensch unserer Tage achtet immer noch in der Hauptsache auf diese Botschaften, oft unbewusst, aber gleichwohl sehr aufmerksam. Gestik, Mimik, Blickkontakt und Haltung bilden die wichtigsten natürlichen Elemente der Körpersprache. Dazu kommen weitere Elemente, die gleichsam unsere „soziale Haut“ darstellen wie Kleidung,

Frisur, Kosmetik und Schmuck. Gerade diese Signale werden eingesetzt, um unser Rollenverständnis (zum Beispiel „seriös" oder „kreativ") oder Mitteilungen über unsere Persönlichkeit (zum Beispiel „cool" oder „wichtig") zu machen. Die Wirkung anderer Menschen auf uns beruht zu einem signifikanten Teil auf der Körpersprache.

Körpersprache ist sogar auf höchster Ebene in der Weltpolitik ein Thema, das zeigt das Beispiel von Brenda Connors. Sie analysiert im Auftrag des US-Außenministeriums die Körpersprache von Staatsmännern wie Wladimir Putin. Ihre Erkenntnisse über deren Persönlichkeit nutzt die US-Regierung zur Vorbereitung auf die Verhandlungspartner. Professor Connors forscht als Behavioral Research Fellow am Zentrum für nationale Sicherheitspolitik der USA, dem Naval War College der US-Marine in Newport. Und sie nimmt sich viel Zeit, die Körpersprache der Mächtigen zu entschlüsseln – für 30 Minuten Filmmaterial benötigt sie rund 150 Stunden. Denn es dauert, bis man Signale deuten kann: die Verteilung des Körpergewichts, die Nutzung des Raums, der Fluss der Bewegungen sowie insbesondere der Augenbewegungen. Das Schweizer Magazin *Weltwoche* nannte Brenda Connors „ein Körpersprachengenie", für die „ein Zucken, ein Schritt, ein Lachen genügen, um zu erkennen, was das Gegenüber verbergen will". Nun wird kaum jemand Ihre Körpersprache Hunderte von Stunden lang analysieren, doch Sie sehen: Körpersprache ist keine clevere Seminaridee von arbeitslosen Schauspielern, die sich damit über Wasser halten. Körpersprache ist vielmehr eine der Grundlagen zwischenmenschlicher Wirkung und unseres Eindrucks auf andere.

Mehrabians Zauberzahlen: Der Mythos 7-38-55

Es gibt natürlich methodische Diskrepanzen bei der Erforschung der Wirkung von Körpersprache und bei der Antwort auf die Frage, wie hoch denn nun genau der Prozentsatz ihrer Wirkung sei. Seit vielen Jahren geistert dazu eine Zahlenreihe durch viele Seminare, Trainings und Ratgeber: 7-38-55. Diese Zahlen besagen, dass bei der Gesamtwirkung einer Person auf einen anderen Menschen nur sieben Prozent durch die Worte und ihre Bedeutung, immerhin schon 38 Prozent auf Stimme und Tonfall und sogar ganze 55 Prozent auf die Körpersprache zurückzuführen seien. Viele verwenden diese Zahlen, längst nicht alle kennen die Hintergründe. 7-38-55 ist ein Mantra vieler Trainings geworden, ein unkritisch gemurmeltes Glaubensbekenntnis.

Doch was ist dran? Die Zahlen gehen zurück auf Experimente des US-amerikanischen Psychologen Albert Mehrabian Ende der 60er-Jahre, der als Professor an der Universität von Kalifornien in Los Angeles (UCLA) forschte. Seine Arbeiten wurden unter dem Titel *Silent Messages* weithin bekannt. Er postulierte, dass nonverbale Signale viel stärker wirken würden als die Bedeutung der gesprochenen Worte. Ebenso habe der mimische Ausdruck des Gesichts eine größere Wirkung als der Tonfall. So sehr man die These aus eigenem Erleben vielleicht stützen kann, so schwach ist allerdings die wissenschaftliche Substanz der Zahlen selbst. Mehrabian führte seine Experimente nicht anhand der Kommunikation mehrerer Menschen durch, sondern im Laborversuch mit Abbildungen – vor allem ist zu bemerken, dass seine Stichprobe gerade einmal 30 Studenten umfasste. Repräsentative Ergebnisse sehen meist anders aus.

Fragwürdige Analysen und Übungen

Dennoch ist der Mythos von 7-38-55 nicht kleinzukriegen. Das treibt weiter seltsame Blüten, wenn etwa ganze Bücher selbst ernannter Experten erscheinen, die auf Fotos die Körpersprache von Menschen lesen und entschlüsseln wollen. Manche davon sind damit durchaus bekannt geworden. Doch Fotos sind nur aus dem Zusammenhang gerissene Momentaufnahmen. „Movie stills" heißen deshalb auch in Amerika die Szenenfotos aus Filmen. Brenda Connors dagegen arbeitet nur mit Filmen, und zwar mit Superzeitlupen von 150 Bildern in der Sekunde – die normale Projektion läuft mit 24. Welche Bewegung wollen die Foto-Leser analysieren, wenn die Bewegung still steht? Genauso gut könnte man versuchen, eine Sprache zu verstehen, während der Sprecher schweigt. Es braucht nicht viel, um zu der Ansicht zu gelangen, dass dieses Vorgehen gelinde gesagt pseudowissenschaftlicher Mumpitz ist.

Auch mit der praktischen Übertragung in Übungen mit Trainern hat es bei der Körpersprache eine ganz eigene Bewandtnis. So konnte man Ende 2008 von einem „Erfolgskongress" in Düsseldorf lesen, wo 10 000 Teilnehmer für jeweils 99 Euro Eintritt neben Starrednern wie Bill Clinton und Carsten Maschmeyer vom Initiator, dem Allfinanzkonzern AWD, auch ein Defilee von mehreren Trainern erleben konnten, die allerlei Kniffe für den persönlichen Erfolg vorführten. Die *Wirtschaftswoche* schrieb zur Veranstaltung: „Dass all das etwas nutzt, bezweifeln Psychologen wie Dieter Frey. Denn die Kniffe bleiben oberflächlich – selbst die der ‚Nummer eins der Körpersprache' Monika Matschnig, die die Zuschauer Sätze aufsagen lässt wie: ‚Heute ist ein herrlicher Tag!'" Ja, ja, für die Tschakka-Erfolgstrainer ist jeder Tag ein herrlicher Tag. Doch was versteht Frey davon? Irgendein Psychologe, der am Erfolg rummäkelt? Nun, Frey kennt sich aus mit Menschen und mit Erfolg: Er ist Professor für Sozialpsychologie an der Universität München und gilt seit vielen Jahren als Experte für Führung, Gruppenverhalten und Teamarbeit. Im Jahr 2003 wurde er zum Leiter der Bayerischen EliteAkademie berufen, die jedes Jahr rund 30 besonders ausgewählte Studenten aller Fachrichtungen bayrischer Unis drei Semester lang mit einem intensiven Programm über das Fachstudium hinaus fördert und weiterbildet.

Doch bei aller Kritik an der allzu gläubigen Weitererzählung von Mehrabians Zahlen ist festzuhalten: Erst durch ihn wurden die Körpersprache und der Wirkungseindruck auf andere Menschen zu einem großen Thema, das auch von anderen Forschern aufgegriffen wurde, zum Beispiel durch William S. Condon in den USA oder in Deutschland von Siegfried Frey, der an der Universität Duisburg lehrte. Ihre Ergebnisse sind nicht so plakativ und reduktionistisch wie die von Mehrabian und seinen vielen unkritischen Nachbetern, doch sie zeigen: Es ist viel dran am Thema Körpersprache. Dabei ist ja auch gar nicht entscheidend, ob es 44, 55 oder 66 Prozent sind. Denn jeder von uns weiß, wie sehr wir bewusst oder unbewusst bei anderen darauf achten und andere bei uns. Bevor man über den Inhalt unserer Worte nachdenken kann, bevor man die Worte gehört hat, ist bereits ein Bild entstanden. Das Auge arbeitet nun mal schneller als das Ohr. Mehrabians Verdienst ist und bleibt, dass er dafür sensibilisierte, den nonverbalen Anteil unserer Kommunikation nicht zu gering zu schätzen. Und ebenso, dass es der Kommunikation hilft, wenn der Inhalt und die nonverbalen Botschaften stimmig sind.

Schau mir in die Augen, Kleines: Über Mimik und Gestik

Paul Ekman hat eine besondere Fähigkeit: Er liest in den Gesichtern anderer Menschen wie wir in einem Telefonbuch. Nicht umsonst gilt der US-Wissenschaftler als „Papst" der Mimik. Der inzwischen 75 Jahre alte Forscher studiert das Gesicht des Menschen und hat viele Erkenntnisse über die menschliche Mimik und ihre Aussagekraft publiziert, etwa beim Erkennen von Lügen. Schon als junger Wissenschaftler gelang ihm der Nachweis, dass die Mimik des Menschen universell ist. Ekman wies nach, dass es im menschlichen Gesicht 43 Aktionseinheiten gibt, die jeweils aus den Bewegungen eines oder mehrerer Muskeln bestehen. Diese Module wiederum werden im menschlichen Gesicht zu Ausdrücken kombiniert. Auf der Basis dieser Erkenntnisse schuf Ekman das „Facial Action Coding System", das Nachschlagewerk für Facetten der Mimik. Für Psychologiestudenten ist es Lehrbuch, für Trickfilmer Vorlage und für Schauspieler eine praktische Hilfe.

Denn die Mimik ist besonders ausdrucks- und eindrucksvoll. Anderen Menschen schauen wir zunächst einmal ins Gesicht. Und auch wenn wir länger miteinander sprechen, betrachten wir für den größten Teil der Zeit das Gesicht des anderen. Mimik ist das Mienenspiel, und der Begriff kommt von dem griechischen Wort „mimos", dem Schauspieler. Gerade auch im Vergleich mit allen anderen Spezies verfügen Menschen über eine einzigartig intensive Mimik.

Viele Elemente der Körpersprache gelten unabhängig von der Kultur und dem Umfeld. Dies trifft besonders auf die Mimik zu. Für den mimischen Ausdruck gilt universelle Übereinstimmung, unabhängig von einzelnen Personen oder der kulturellen Zugehörigkeit. Es gibt sogenannte „Basisemotionen", das sind Freude (Lächeln, Lachen), Trauer (Weinen), Wut, Ekel, Überraschung oder Angst. Sie werden von allen Menschen nahezu gleich ausgedrückt und auch von allen Menschen annähernd gleich interpretiert. Natürlich gibt es auch komplexere Gesichtsausdrücke, doch sie sind Mischungen dieser sechs Grundformen. So stellt beispielsweise Grinsen eine Kombination aus leichter Drohung, Furcht und Unterwerfung dar: als Lächeln unter Freilegen der oberen Zahnreihe.

Es ist so einfach, Gefühle an einem Gesicht abzulesen. Wir alle kennen die Smileys oder ähnliche Piktogramme und Grafiken. Sie sind international und werden überall verstanden. Ein Beispiel für ihre universelle Gültigkeit ist die leichte Interpretation dieser stark vereinfachenden Symbole als „Gesichtsausdruck" für Freude beziehungsweise Trauer.

☺ ☹

Eine besondere Rolle im Gesicht spielen die Augen. Im Kontakt mit anderen Menschen verwenden wir viel Zeit und Energie auf den Blickkontakt. Wichtig sind für uns die Häufigkeit und die Dauer: Je öfter und je länger uns jemand ansieht, desto mehr Aufmerksamkeit und Akzeptanz setzen wir voraus. Zu wenig Augenkontakt interpretieren wir häufig als mangelndes Interesse oder als Ablehnung. Sie erzielen die beste Wirkung, wenn Sie häufig wiederkehrenden, aber jeweils kurz unterbrochenen Blickkontakt mit Ihrem Gegenüber aufbauen. Sie wirken auf andere angenehmer und freundlicher, wenn Sie Blickkontakt aufnehmen und längere Zeit aufrechterhalten. Doch wir sollten nicht den Fehler begehen und andere direkt anstarren, denn ununterbrochener Blickkontakt führt dazu, dass sich der Betreffende bedroht fühlt. Wir kennen es von Hunden, und auch bei Menschen ist es oft zu beobachten: Gegenseitiges Anstarren wird häufig zum Auftakt für ein Kräftemessen.

Das Lächeln

Neben den Augen ist das Lächeln fast das wichtigste Wirkelement der Mimik. Wenn wir daraus einen Imperativ ableiten dürften, dann diesen: Lächeln Sie! Denn wer lächelt, wirkt positiv. Dabei hat das abgegriffene Wort „positiv" durchaus eine ganz handfeste Bedeutung. Lächeln ist einfach eine gute Sache. Lächeln ist der beste Weg, andere freundlich zu stimmen. Lächeln ist ein wichtiger Puffer gegen Missstimmung und Aggression, Lächeln löst freundliche Antworten aus, und lächeln stimmt Sie selbst auch froh! Eine Unverschämtheit, lächelnd vorgetragen, wirkt damit gleich weniger harsch.

Obwohl wir das wissen, lächeln wir im Sozialkontakt mit anderen Menschen wenig – besonders wichtige Themen werden bevorzugt ernst vorgetragen. Gerade so, als ob sich inhaltliche Tiefe und Freude nicht miteinander vereinbaren ließen. Doch genau das geht, und es fördert Ihre Wirkung auf andere. Nehmen Sie sich doch einmal bewusst vor, Ihre Mitmenschen anzulächeln, und Sie werden es erleben: Ihre eigene Stimmung steigt, und Sie bekommen die ausgesendete gute Stimmung auch zurück. Denn in den meisten Fällen begegnen Ihnen andere dann auch gleich viel freundlicher.

Die Gestik ist ein anderer wichtiger Teil der Körpersprache. Gestik sind alle „Hand- und Fußzeichen", die wir in der Kommunikation aussenden: die Art, wie wir stehen, wie wir die Arme halten, welche Bewegungen wir mit den Händen machen. Gesten sind besonders gut geeignet, unsere Darstellung zu unterstreichen, wichtige Elemente zu betonen. Ausgewählte Gesten zur Betonung können Sie gezielt einsetzen, etwa bei einer Aufzählung, einer abwägenden Gegenüberstellung oder einem Hinweis auf einen bestimmten Punkt. Auch bei der Gestik ist die Menge von Bedeutung und wird durch die Extreme „Ölsardine“ und „Zappelphilipp“ begrenzt. Wenn wir bei anderen viele Körperbewegungen erkennen, so deuten wir das oft als Unwohlsein oder als starke Erregung.

Die andere Ebene ist die inhaltliche Ebene. Die körperliche Orientierung ist generell ein Ausdruck der Aufmerksamkeit und der Sympathie: Personen, die von uns leicht abgewandt stehen oder die zurückgelehnt sitzen, signalisieren in unserem Verständnis mangelnde Aufmerksamkeit oder Ablehnung. Die Bewegung auf uns zu (also etwa durch eine Verringerung der Distanz oder das Vorlehnen im Sitzen) zeigt eine positive Orientierung hin zu uns.

Körperwirkung und Eindruck

Wie körperliche Wirkung zur Botschaft werden kann, dafür ist Steve Ballmer ein gutes Beispiel. Seine Auftritte sind als Internet-Videos, etwa auf YouTube, echte Dauerbrenner. Darin sehen wir den Chef von Microsoft, wie er auf die Bühne springt und ins Mikrofon brüllt: „Wie heißt die beste Firma der Welt?“ Hunderte von Mitarbeitern klatschen in die Hände und schreien: „Microsoft, Microsoft, we are the best.“ Das ist mitreißend, das ist toll anzusehen. Die Frage ist: Passt es zu Ihnen? So intensiv, so laut und so amerikanisch ist der Auftritt, vielleicht würden Sie sich damit nicht so ganz wohlfühlen. Es ist richtig, darüber nachzudenken, ob solche Vorbilder auch zu uns passen. Richtig ist aber auch, das Gute und Wirkungsvolle daran selbst auszuprobieren.

Denn es reicht oft schon, an Kleinigkeiten zu feilen, um einfach einen besseren Auftritt hinzulegen. So fällt uns in unseren Trainings immer wieder auf, dass Männer und Frauen vor einer Gruppe offensichtlich nicht ruhig stehen können. Entweder treten Sie in Sekundenabständen von einem Fuß auf den anderen oder sie machen einen halben Schritt vor und einen halben Schritt zurück oder sie tigern gleich quer durch den Saal – von links nach rechts und wieder retour.

Mit gezielten Hinweisen auf diese Unart und mit entsprechenden detaillierten Videoaufnahmen zur Illustrierung konnten wir schon manchen Teilnehmer überzeugen, dass ein ruhiger Stand und ein überlegter Positionswechsel besser wirken. Und die meisten schaffen es mit ein wenig Aufmerksamkeit dann auch tatsächlich im zweiten oder dritten Anlauf, ruhig zu stehen. Und auf der Aufnahme wirkt der Betreffende dann richtig toll – sicher, souverän und überzeugend.

Kennen Sie das Problem? Sie stehen vor der Gruppe und auf einmal wissen Sie nicht mehr, wohin Sie mit den Händen sollen. In die Hosentaschen? Das geht schlecht, zu lässig, zu überheblich, Frauen tragen auch häufig keine Kleidung mit entsprechend geeigneten Taschen. Die Arme vor der Brust überkreuzen? Das wirkt zu sehr abweisend. Und nur die Hände ineinanderlegen? Da erinnern Sie mehr an einen Rentner als an einen dynamischen Redner. Irgendwas muss man machen, und dann ist da auch die Nervosität. Die Folge beobachten wir regelmäßig in unseren Trainings: Von den Vortragenden, die es betrifft, spielen spätestens nach zwei Minuten 90 Prozent mit einem Stift in der Hand herum.

Dabei ist die Lösung recht einfach, und sie lässt sich gut einüben: Planen Sie eine öffnende Geste zur Begrüßung der Teilnehmer – passend zu Ihren ersten drei Sätzen – und überlegen Sie sich auch gleich eine passende Geste zum Schluss, die Ihre letzten Sätze angemessen unterstreicht. Wenn sie dann noch eine geeignete gestische Untermalung Ihrer Kernaussagen finden und diese auch einüben, dann werden Sie sich sicher fühlen und vor jedem Auditorium eine gute Figur machen.

Aber: Anders als es gerne von Pantomimen, Seminartrainern und pantomimischen Seminartrainern vorgemacht oder in Büchern zur Körpersprache kolportiert wird – Gestik lässt sich nicht immer eindeutig interpretieren. Gekreuzte Arme sind keineswegs zwingend ein Zeichen für Ablehnung oder Konfrontation – vielleicht sitzt unser Gegenüber so einfach bequemer. Wir konnten im Kreis von Unternehmensführern aller Firmengrößen wie bei Adligen jeder Altersstufe beobachten, dass es ein Zeichen von Macht und von Wissen um die eigene Überlegenheit ist, sich gerade nicht angepasst und situationskompatibel zu geben. Wer die Macht oder die Geschichte auf seiner Seite hat, leistet sich mitunter gerade deshalb eine sichtbar andere Körpersprache. Es ist wie mit dem 500-Pfund-Gorilla – wollen Sie ihm sagen, wo er sich nicht hinsetzen darf?

Hinweise zur Körpersprache

Menschen neigen allerdings dazu, gerade die gut sichtbaren Signale der Körpersprache für uns möglichst eindeutig zu interpretieren. Darum ist es besser, wenn wir unsere Gestik dahingehend optimieren, damit wir anderen Menschen eindeutige und positive Signale senden. Es gibt eine ganze Reihe von Möglichkeiten, die eigene Gestik eindeutiger und wirkungsvoller zu gestalten. Mit den folgenden Grundregeln kommen Sie schon recht weit:

- Starten Sie Ihre Gestik ein klein wenig eher als die Worte.
- Die Geste sollte der Aussage angemessen sein und nicht übertreiben oder künstlich verlängert werden.
- Gesten sollten kraftvoll und dynamisch sein.
- Brechen Sie Gesten nicht in der Bewegung ab.
- Gesten mit beiden Händen wirken deutlich stärker als Gesten, bei denen nur eine Hand gebraucht wird.
- Wechseln Sie die Hände ab, gestikulieren Sie nicht fortgesetzt nur mit rechts oder links.
- Vermeiden Sie Gesten mit negativem Gehalt: Dazu zählen der erhobene Zeigefinger, das Zeigen auf Personen, das Verschränken der Arme vor der Brust oder Hände, die tief in den Hosentaschen verschwinden.
- Kritische Themen können Sie „aufweichen“, etwa mit einem Lächeln oder mit einem leicht schräg gehaltenen Kopf.

Es lohnt sich, darauf zu achten, welchen Gehalt unsere Gesten für andere haben – selbst bei solchen, die uns ganz harmlos erscheinen. Sonst begehen wir vielleicht einen ähnlich gravierenden Fauxpas wie Mohammed Sayyid

Tantawi, der Großscheich der Al-Azhar-Universität in Kairo. Er schüttelte dem israelischen Staatspräsidenten Schimon Perez bei einem Zusammentreffen in New York während einer UN-Konferenz im November 2008 die Hand. Für einen islamischen Würdenträger ist ein solches Verhalten gänzlich unangemessen, denn in Ägypten wurden nach dem diplomatischen Zwischenfall sofort Rücktrittsforderungen laut.

Begrüßungsgesten

Eine ganz besondere Form der Gestik ist nämlich die Begrüßung. Die Art, in der zwei Menschen sich begrüßen, sagt viel über ihr Verhältnis zueinander aus, und auch der kulturelle Einfluss ist hier sehr stark. Japaner begrüßen sich in der Regel nicht mit einem herzhaften Händedruck, und beim Kontakt mit Frauen aus arabischen Ländern sollten Sie als Mann die Finger ganz bei sich behalten. Andererseits sind im wallonischen Teil Belgiens drei angedeutete Wangenküsse mit leichter Umarmung auch unter nur flüchtig Bekannten üblich – man spricht französisch, also gibt man sich auch so. Und viel weniger appetitlich, dafür umso herzhafter waren die Bruderküsse der kommunistischen Führer untereinander. Diese kulturellen Regeln und Unterschiede füllen nicht nur ganze Regale in der Buchhandlung, dem Thema sind auch viele ernsthafte ethnologische Untersuchungen gewidmet. Dennoch ist die Art der Begrüßung auch immer wieder wechselnden Moden und Trends unterworfen. So hat sich der flüchtige Begrüßungskuss inzwischen in Deutschland fest etabliert.

Der Händedruck

Zu den am weitesten verbreiteten Grußformen zählt nach wie vor der Händedruck. Der Händedruck hat verschiedene Wurzeln: Die älteste ist der Handgruß gegenüber Fremden mit der erhobenen Hand, wodurch wir zeigen, dass wir ohne Waffen und ohne Hintergedanken kommen. Dann kam der Handschlag, mit dem man Verträge besiegelte, bei dem man einander zweimal auf die Hände schlug. Ebenso gab es den Handgang, also das Einlegen der Hände des Lehnsmanns in die Hände des Lehnsherrn. Gegenseitiges Vertrauen ist die Wurzel all dieser Gesten, und genau das sollen sie auch ausdrücken. Bei einem „guten" Händedruck zählen die Faktoren Festigkeit, Trockenheit und Temperatur. Wir alle kennen die Extreme „toter Vogel" und „Schraubstock" bei der Festigkeit sowie das feuchte Schwitzhändchen und die kalten Frostfinger – allesamt kein guter Anfang einer Begegnung, die uns souverän wirken lässt. Ein guter, fester Händedruck umfasst vielmehr Kraft, Dauer, Blickkontakt und Vollständigkeit des Griffs, und er hat einen positiven Effekt. Denn mit diesem Händedruck vermitteln Sie Selbstbewusstsein und Zutrauen.

Der Händedruck sollte mit einer kurzen Ansprache verbunden werden, also etwa mit „Schön, Sie zu sehen!" oder „Guten Tag" und dem Namen der Person, die uns begegnet. Wenn wir uns verabschieden, sollte es ähnlich ablaufen. Die beidhändige Begrüßung ist sehr persönlich: Dabei wird die zweite Hand auf die Hand des Begrüßten oder auf dessen Unterarm gelegt. Diese Begrüßung drückt neben dem sehr persönlichen Charakter allerdings eine besondere Rolle in Beziehung zur begrüßten Person aus und hat einen gewissen dominanten Unterton. Es kann sich um einen guten Freund handeln, große Freude, um ein besonderes Ereignis oder um eine besondere Rolle, die ich spiele. Durch diese Geste versuchen beispielsweise Pfarrer bei einer Beerdigung besonderen Trost zu spenden, was auch ihrer Rolle in dieser Situation entspricht.

Personen, die sich im Einklang miteinander befinden, zeigen oft ein hohes Maß an Bewegungen, die kongruent verlaufen, sowie häufigere gegenseitige Berührungen. Ersatzhandlungen oder Übersprunghandlungen sind Ausdruck für innere Konflikte, beispielsweise für den vielleicht noch unentschiedenen Widerstreit zwischen Angriff und Verteidigung. Besonders in Situationen angespannten Wartens, etwa vor wichtigen Verhandlungen oder Prüfungen, zeigen viele Menschen solche Ersatzhandlungen. Beispiele dafür sind das Ordnen der Kleidung oder von Gegenständen, Umherlaufen, Rauchen, Gähnen oder das Spielen mit einem Stift.

Wie man sich hält, so wirkt man: Haltung und Standpunkt

Eine aufrechte und leicht gespannte Körperhaltung vermittelt gleich einen mehrfachen Eindruck: nämlich den von Konzentration und Aufmerksamkeit ebenso wie von Selbstbewusstsein. Die Zuwendung zu unserem Gegenüber verbinden wir mit der Öffnung unserer Frontseite, also von Brust und Bauch, in der Haltung wie der Gestik. Ein Verschränken der Arme wird hier nämlich leicht als Distanz oder Misstrauen interpretiert. Lassen Sie die Arme jedoch locker herabhängen, wird es Ihnen erheblich leichter fallen, Ihre Worte durch Gestik zu unterstreichen. Beim Sitzen achten Sie darauf, Ihre Arme auf den Tisch oder auf die Sessel- oder Stuhllehnen zu legen.

Und es ist auch nicht schwer, einen Standpunkt im wahrsten Sinne des Wortes einzunehmen: Stellen Sie Ihre Füße mit der ganzen Fußfläche auf den Boden, dabei sind Ihre Füße dann im Stehen etwa in Schulterbreite auseinander. Im Sitzen sind die Füße etwa in Breite der Sitzfläche auseinander. Halten Sie den Oberkörper aufrecht und die Schultern gerade. Stecken Sie Ihre Hand nicht in die Hosentasche, das wirkt auf Ihr Gegenüber leicht zu jovial oder zu lässig. Beide Hände in den Hosentaschen sind der Moment, wo Lässigkeit in Nachlässigkeit umschlägt oder sogar als Arroganz gewertet wird. Die meisten Personen neigen dann auch noch dazu, die Hände länger in den Hosentaschen zu lassen, darunter leidet Ihre Gestik. Genauso wenig gehört die Hand auf die Hüfte, denn die Wirkung auf andere und die Folgen für uns können ähnlich unvorteilhaft ausfallen.

Deshalb sollten Sie immer darauf achten, nicht allzu locker und entspannt aufzutreten. Eine entspannte Körperhaltung nehmen wir leicht in vertrauter Umgebung ein. Allerdings ist diese Haltung im professionellen Umfeld eher unangemessen. Hier kann dann leicht der Eindruck entstehen, dass Sie die Situation nicht für ausreichend wichtig halten. Das lässt Zweifel an Ihrem Urteilsvermögen aufkommen, was eindeutig nachteiliger für Sie ist als eine gewisse Anspannung.

Körpersprache im Raum: Distanz und Nähe

Auch die räumliche Positionierung, also unsere Aufstellung relativ zu anderen Personen und im Raum selbst, enthält eine Reihe von Informationen. Besonders der Abstand zwischen Personen unterliegt starken kulturellen Normen. Die Verhaltensbiologie nennt dies Individualabstand, und er hängt ab von der Person, die sich nähert. Der intime Nahbereich des Menschen reicht ungefähr bis 45 Zentimeter. Überschreitungen dieser Grenze durch uns unbekannte Personen führen zu Symptomen von leichtem Stress und zu erhöhter Aufmerksamkeit. Die übliche Entfernung mit weniger vertrauten Personen reicht von rund 45 Zentimetern bis etwa 1,50 Meter. Der Aufenthalt in diesem Bereich schafft Nähe und ermöglicht uns, gleichermaßen entspannt miteinander umzugehen. Berührungen sind möglich, werden uns aber nicht aufgezwungen. Wenn wir uns dabei unbehaglich fühlen, können wir die Distanz in diesem Bereich leicht vergrößern. In der Regel sind Personen, die freiwillig dicht beieinander stehen oder sitzen, meist auch recht vertraut miteinander. Oder aber die Person von beiden, die den geringeren Abstand wählt, möchte diese Vertrautheit herstellen oder suggerieren. Vertrautheit wird auch in kurzen wechselseitigen Berührungen sichtbar – oder durch dieses Signal soll die höhere Wertigkeit der Beziehung zum Ausdruck gebracht werden. Gehen die Berührungen nur von einer Person aus, wird es sich meist um den hierarchisch Höherstehenden der beiden handelt – der Azubi gibt dem Chef meist keinen aufmunternden Schulterklopfer, umgekehrt aber schon eher.

Manche Signale sind ungewollt eindeutig: Zwei Menschen, die sich im Gespräch genau gegenüberstehen, möchten eher nicht gestört werden. Wenn zwei bei einem

Gespräch im rechten Winkel zueinander stehen, sind sie eher bereit, weitere Partner in ihre Runde aufzunehmen. Personen, die sich gegenübersitzen, haben entweder auch einen größeren persönlichen Abstand oder sie befinden sich in einem Dissens. Gerne wird ein Tisch dazwischen auch von Vorgesetzten als zusätzliche Barriere gewählt, besonders bei sogenannten „schwierigen Gesprächen". Personen mit Platz am Kopfende eines Tisches sind meistens die Leiter der Sitzung oder der Arbeitseinheit oder sind die Gastgeber der Veranstaltung. Hier kann die Sitzordnung auch die Beziehung und die Bedeutung der Teilnehmer ausdrücken.

Es ist hilfreich, wenn wir uns bei der Körpersprache einige Punkte kritisch ins Gedächtnis rufen. Der erste ist vielleicht auch der wichtigste Punkt: Körpersprache ist immer mehrdeutig. Es gibt keine eindeutige Erklärung für bestimmte Signale, also keine eindeutigen und logischen Zusammenhänge „wenn a, dann bedeutet das b". Das heißt, um die Signale des anderen verstehen und einordnen zu können, muss man Körpersprache über längere Zeit studieren. Hinzu kommt, dass Körpersprache auch in starkem Maße kulturabhängig ist. So wird beispielsweise der Abstand bei Begegnungen von Nordeuropäern – in der Regel unbewusst – größer gewählt als von Südeuropäern. Jeder Mensch hat eine solche individuelle Distanz, die andere nur unterschreiten dürfen, wenn sie uns gut vertraut sind. Reaktionen auf Signale der Körpersprache werden häufig unwillkürlich gezeigt, Gefühle und Beziehungen werden durch Körpersprache oft spontan und ehrlich ausgedrückt – jedenfalls oft spontaner als mit der Sprache. Körpersprache kann daher nur im Kontext verstanden werden: Begleitinformationen, die Situation und die individuellen Gewohnheiten sind von großer Bedeutung für das richtige Verständnis. Ein weiterer Punkt ist die Tatsache, dass Körpersprache schwerer zu manipulieren ist als das gesprochene Wort. Sie ist entwicklungsgeschichtlich, also in der sogenannten Phylogenese, älter als Sprache und tritt auch in der Individualentwicklung, der Ontogenese, eher auf.

In jedem Fall sollte es Sie aufmerksam machen, wenn Sie Widersprüche zwischen der verbalen Aussage und Signalen der Körpersprache feststellen: Wenn Aussage und Körpersprache nicht stimmig sind, steht dahinter oft das Bemühen, etwas vorzutäuschen. Die Gestik ist dabei leichter bewusst zu kontrollieren als die Mimik. Zu „Übersetzungs"-Fehlern kommt es dann leicht, wenn wir uns auf einzelne Elemente konzentrieren, etwa nur auf die verschränkten Arme. Erst mehrere Signale, die in dieselbe Richtung weisen, lassen stimmige Interpretationen zu.

„Dress for success" statt „kleiden und leiden"

Hat Ihr Anwalt einen Schlips an, wenn er Sie vertritt? Bisher war das keine Frage: Er musste einen tragen. Doch das Landgericht Mannheim entschied im Januar 2009, dass ein Anwalt vor Gericht auch ohne Binder auftreten dürfe, die Würde des Gerichts werde laut Urteil dadurch nicht gefährdet. Der Fall ging als „Mannheimer Langbinderstreit" in die Rechtsgeschichte ein und weist auf einen weiteren Aspekt unseres Themas hin. Denn die Kleidung ist ein besonderes Element der Körpersprache, so wie edles Porzellan ein besonderes Menü erst richtig zur Geltung kommen lässt – nicht ohne Grund heißt es: „Das Auge isst mit." So wurde zeitweise das Outfit von

US-Präsidentengattin Michelle Obama ein beinahe ebenso wichtiges öffentliches Thema wie die politischen Entscheidungen ihres Ehemannes, nämlich als ihre Auftritte im ärmellosen Kleid bei vielen Amerikanern Anstoß erregten. Die große Bedeutung der richtigen Kleidung erkennen Sie auch daran, dass immer mehr Zeitungen und Wirtschaftsmagazine diesem Thema regelmäßig Beiträge widmen. „Wer heute ganz nach oben will, muss mehr an eine Staranwältin erinnern als an deren Mutter“, lesen wir unter der Überschrift „Schöner regieren“ im *Spiegel*. Und wer in eine bestimmte Richtung will, sollte sich an Benimmregeln, Konventionen und eben auch an die richtigen Dresscodes halten. Wie es nicht geht, zeigte die zeitweise sehr populäre frühere CSU-Politikerin Gabriele Pauli: Bekannt wurde sie durch ihren heldenhaften Widerstand gegen Edmund Stoiber, um dann in einer Fotoserie als Domina-Dame aus Mittelfranken eine eher zweifelhafte Figur abzugeben. Mit schwarzen langen Latexhandschuhen und Perücke hatte sie sich nicht nur politisch arg vergriffen.

Es ist nun einmal so: Wir trauen Menschen mit einem sehr speziellen Geschmack in Bekleidungsfragen scheinbar auch in anderen Fragen keine ausreichende Urteilskraft zu. Am Arbeitsplatz ist Mode als Ausdruck der eigenen Persönlichkeit nur in Maßen erlaubt. Unsere Empfehlungen an Sie orientieren sich daher an dem allgemein akzeptierten „comme il faut“. Abweichungen und individuelle Veränderungen sind in manchen Situationen durchaus in Ordnung. Sie können selber entscheiden, was passend ist und was Ihnen, der Situation oder den Gesprächspartnern angemessen ist. Ebenso ist das Outfit natürlich auch von der Branche abhängig, denn von einem schwäbischen Maschinenbauer wird ein anderes, eher seriöseres Outfit erwartet als zum Beispiel von Karl Lagerfeld.

Wir kennen es von Produkten, und es wirkt auch bei Menschen: Von der Verpackung schließen wir auf den Inhalt – und unsere Kleidung ist unsere Verpackung. Unser Verständnis der Situation wird dadurch ebenso sichtbar wie unsere Haltung dem Partner gegenüber und auch unser persönlicher Geschmack. Positiv wirkt es auf andere Menschen, wenn wir ähnlich und damit kompatibel wirken. Jede Kleidung, die wir im Job tragen, ist ein Statement zu unserer Haltung. Entweder ein „Ist mir egal!" oder ein „Ja, ich kann! Ja, ich will!" Wir zeigen, ob wir schlampig sind oder sorgfältig auf unsere Erscheinung achten und damit auch unserem Gegenüber Respekt erweisen. Richtig gekleidet zu sein im Job bedeutet damit in der Konsequenz, dass wir uns der Wirkung von Kleidung bewusst bedienen, natürlich abhängig von den Stilregeln der jeweiligen Branche und Führungsebene.

Auch die Chefs renommierter PR- und Werbeagenturen sind sich darin einig, dass die Botschaft anders als noch vor zehn Jahren nicht mehr „Anzug und Krawatte oder Kostüm und Hosenanzug" lautet. Vielmehr ist es wichtig, Respekt dem Kunden gegenüber auszudrücken. Frank Behrendt von der großen Werbeagentur Pleon fand 2008 dafür die richtigen Worte: „Durch schlechte Kleidung würde man die positive inhaltliche Wahrnehmung konterkarieren. Und das wäre schade."

Der Anzug

Im Geschäftsleben besteht die korrekte Art, sich zu kleiden, immer noch darin, einen Anzug zu tragen – selbst Business-Kostüme für Frauen entsprechen oft diesem Rahmen. Wenn wir uns vor allem an die Männer wenden, dann aus einem einfachen Grund: Wenn der souveräne Auftritt nicht an Kleidungsfragen scheitern soll, muss man Männern viel mehr zum Thema sagen. Es fängt schon mit den Anzügen an. Herrenanzüge sind meist Einreiher, seltener Zweireiher. Klassisch ist das einreihige Sakko mit zwei oder drei Knöpfen, wobei drei Knöpfe in der Optik etwas stärker streckend wirken. Waren dreiteilige Anzüge früher ein Zeichen von Saturiertheit und altväterlichem Gehabe, so werden Anzüge heute auch gern mit Weste getragen – schließlich hat die Weste in Deutschland schon den Weg vom Taxifahrer über den Revoluzzer zum Außenminister mitgemacht. Farblich eine sichere Wahl sind Schwarz, Grau und Blau in allen möglichen Variationen. Sie wirken seriös, sind unkompliziert zu tragen und die Wahl der Krawatte fällt Männern dadurch deutlich leichter. Ein leichtes Muster ist gut für das Auge des Betrachters, es bietet dem Auge mehr als einen uniformen Farbfleck an. Vor Kameras können zu kleine Muster leicht flimmern, egal ob Karos, Streifen, Glencheck, Fischgrat, Pepita oder Hahnentritt.

Und was tragen Sie darunter?

Zum Anzug gehört das richtige Hemd: Der Blick des Betrachters wird rasch auf die Fläche zwischen Anzug und Gesicht gelenkt. Als leicht affektiert gelten inzwischen weiße Kragen und Manschetten zu einem farblich gemusterten Hemd. Nahezu verschwunden sind ebenso die mit Nadeln zusammengehaltenen Pin Collars, aber manche Vertreter der Versicherungsbranche wie AWD-Gründer Carsten Maschmeyer bevorzugen sie immer noch. Zu einem gut geschnittenen Hemd gehört so viel an Kragenweite, dass Sie bequem einen Finger zwischen Kragen und Hals schieben können. Und ein gutes Hemd hat Manschetten, die links noch genügend Platz für die Armbanduhr lassen. Am einfachsten zu kombinieren sind ungemusterte Hemden in Blau, Hellgrau, Elfenbein oder Weiß. Mit diesen Farben machen Sie selten Fehler.

Grundsätzlich gehen Sie mit einfarbigen Hemden eher auf Nummer sicher als bei Hemden mit Muster. Der stilsichere Einsatz von Streifen und Karos erfordert Können und Mut. Bei Kameraaufnahmen können Muster leicht flimmern, und da reicht schon der Camcorder auf dem Messestand. Buntere Farben sind immer ein Risiko. Mögen Sie dennoch ausgefallene Farben wie Lila, Blassgelb oder Lindgrün, dann tragen Sie diese vielleicht nicht unbedingt im geschäftlichen Rahmen. Abstand nehmen sollten Sie auch von zu dunklen Farben. In einem schwarzen Hemd, am besten unter einem schwarzen Sakko und akzentuiert durch eine ebenfalls schwarze Krawatte wirkt das Gesicht deutlich heller und blasser, besonders aus größerer Entfernung. Der Eindruck auf den Betrachter ist selten positiv, denn im Nu sehen Sie aus wie der Mann vom Wachschutz.

Der Fluch kurzärmeliger Hemden

Die Ärmel des Hemds sollten ein wenig länger sein als das Jackett, ein bis zwei Zentimeter sind eine gute Länge. In einem Punkt aber lassen wir überhaupt nicht mit uns reden, nämlich bei kurzen Hemdsärmeln. Unsere Bitte ist eindeutig: Tragen Sie niemals Kurzarmhemden unter dem Anzug. Keine Diskussion! Es gibt ausschließlich langärmlige Business-Hemden. Zur Kombination von Kurzarm und Krawatte sagt Ignatius Joseph, der „Hemden-Papst", einen so kurzen wie kategorischen Satz: „Das geht wirklich nicht!" Für Joseph trägt der Mann immer Langarm, er bewahrt auch bei 40 Grad im Schatten Stil.

Der entscheidende Nachteil von kurzen Hemden besteht doch darin, dass sie einen gestandenen Mann wieder zum kleinen Jungen machen – kurze Ärmel, kurze Hosen. Es ist einfach nur noch peinlich, wenn im späten Meeting oder nach einem abendlichen Firmenessen der Ranghöchste, meist der Gastgeber, den lockeren Teil dadurch einläutet, dass er sein Jackett ablegt – und bei Ihnen kommen dann behaarte oder käsige Unterarme zum Vorschein. Wir haben es schon mehrfach miterlebt, welche Blicke sich dann die Chefs zuwarfen. Ein weiterer echter Nachteil kurzer Hemden: Falls sie eine billige Uhr tragen, sieht die dann wirklich jeder.

Die Krawatte: Signal oder Strick um den Hals

Zum Anzug gehört ebenso die Krawatte. Sie ist Standard und kann darüber hinaus jeden Tag gewechselt werden, sogar wenn sie keine Spuren der Nahrungsaufnahme zeigt. So ein Binder bietet wunderbare Möglichkeiten, denn Sie können damit hervorragend Ihren Geschmack betonen. Die Krawatte ist mehr im Blickpunkt als jedes andere Kleidungsstück. Sie hat auch deshalb eine große Bedeutung, weil sie den Blick des Gegenübers in unser Gesicht lenkt. Und vor allem können Krawatten zum Anzug passen, wenn man aufpasst. Gerade wenn Sie Farbe und Muster des Anzugs zurückhaltender wählen, dürfen Sie bei der Krawatte ruhig zu einer kräftigen Farbe greifen. Meiden Sie allerdings zu grelle Farben oder Krawatten, auf denen sich beispielsweise kleine Golfspieler oder Tierchen tummeln. Auch Krawatten mit Firmenlogo trägt man nicht, es sei denn, alle tun es, weil der Chef es vormacht, oder es ist Ihre Firmenbekleidung. Wenn sie richtig gebunden ist, dann reicht die Krawatte bis zum Gürtel – vermeiden Sie die sichtbar unzureichende Länge Modell „Kurzschwert" oder eine Krawatte, die im Stehen deutlich zu tief hängt. Als Alternative zur Krawatte gibt es nur die Fliege, denn das Halstuch sieht entweder zu jung oder zu alt aus. Doch zur Fliege gibt es unterschiedliche Meinungen: Der SPD-Gesundheitsexperte Karl Lauterbach oder der frühere Minister Riesenhuber sind entschieden dafür, der englische Autor David Sedaris allerdings befindet: „Eine Fliege verkündet der Welt, dass man nicht mehr in der Lage ist, eine Erektion zu bekommen." Tragen Sie eine Fliege besser nur dann, wenn Sie Ihnen wirklich gut zu Gesicht steht und Sie sich wohl damit fühlen. Wenn Sie ganz fein rauskommen wollen, tragen Sie zum Anzug ein Einstecktuch. Wählen

Sie dann das Tuch stilsicher in einem anderen Muster als Ihre Krawatte.

Gut zu Fuß: Die Schuhe

Schuhe sind einfarbig schwarz oder braun, anderes kommt nicht infrage. Auch zum blauen Anzug sollten Sie keine blauen oder hellen Schuhe tragen, obwohl man das immer wieder sieht. Der Modedesigner Jeremy Hackett ist der festen Überzeugung: „Bunte Männerschuhe stiften nur Unheil." Für die wichtigsten Situationen im Leben sollten Sie über ein gewisses Arsenal an Schuhen verfügen und Sie sollten ein zweites Paar zum Wechseln haben, auch gutes Leder verträgt es nicht, wenn Sie den Schuh jeden Tag tragen. Die Grundregel ist einfach: Zum geschäftlichen Outfit passen nur Schuhe mit Ledersohle und Absatz, kein Kunststoff und keine Keilsohle wie bei Opas Gesundheitsschlappen. Ihre Schuhe wirken umso eleganter, je glatter das Leder ist. Wichtig ist noch, dass Sie Ihre Schuhe gut pflegen, dass diese sauber geputzt sind und glänzen. Zu den Schuhen gehören Strümpfe, Socken in der passenden Farbe, einfarbig oder allenfalls mit einem dezenten Muster. Socken sollten immer so lang sein, dass das nackte Männerbein nicht sichtbar wird, etwa wenn im Sitzen die Beine übereinandergeschlagen werden. Der Gürtel wiederum sollte zu den Schuhen passen – schwarzer Gürtel zu schwarzen Schuhen, braun zu braun. Als Material im geschäftlichen Umfeld kommt nur Leder infrage, die Farbe der Schließe wird auf sonstiges „Metall" wie Uhr oder Manschettenknöpfe abgestimmt werden. Eine Hose mit Schlaufen, aber ohne Gürtel ist immer unvollständig und damit unpassend.

Auch für Frauen gelten diese Empfehlungen, wenn auch meist im übertragenen Sinne. Wir machen in unseren Trainings immer wieder die Erfahrung: Frauen achten offenbar mehr auf sich als Männer, und sie sind durchaus für Feedback empfänglich, solange es nicht von einer anderen Frau im selben Raum kommt. Dann nur von der „besten Freundin". Was also empfehlen wir? Ein gutes Kostüm oder ein entsprechender Hosenanzug sind immer noch die beste Investition, wenn ich im Geschäftsleben korrekt gekleidet sein will. Wichtig sind ein guter Sitz und kein zu ausgefallener Schnitt – oder Sie müssen nach jeder Saison neu investieren.

Schuhe dürfen zwar Absätze haben, aber besser keine zu hohen, vor allem keine High Heels. Denn „auf Pumps führt der Weg ins Karriere-Aus", beschrieb der *Focus* das Problem und zitierte eine Studie aus den Vereinigten Staaten, der zufolge High Heels und Minis eher kritisch wirken. Auf nur halbhohen Absätzen kommen Sie eben nicht so leicht aus dem Tritt. Immerhin gibt es einen kleinen Trost: Bei Schuhen dürfen Sie durch Menge auftrumpfen. Schließlich sagt auch der Pariser Luxusschuster Pierre Hardy, dass jede Frau zwischen 50 und 250 Paar Schuhe brauche. Und auch die Weltklasse-Tennisspielerin Maria Scharapowa bemerkt dazu: „Ich habe sie nicht gezählt, es müssen Dutzende, eher Hunderte – ach, lassen wir das, Schuhe machen mich wahnsinnig." Also viel Spaß beim Shopping. Und wenn wir schon mal dabei sind: Zur vollständigen Kleidung gehören Strümpfe. Zeigen Sie Ihrem Gegenüber auch als Frau selbst dann keine nackten Beine, wenn diese bei Ihnen ansehnlich geraten sind. Für viele Nationalitäten ist nacktes Bein verpönt. Überhaupt rät auch Doris Brenner von der Deutschen Gesellschaft für Karriereberatung dazu, sich eher konservativ zu kleiden.

Und es lohnt sich: Wie Untersuchungen zeigen, wird Bewerberinnen in korrektem Business-Dress bis zu 20 Prozent mehr Gehalt angeboten.

Wem die Stunde schlägt: Uhren und Schmuck

Wie viel Schmuck verträgt ein Business-Outfit? Hier gilt grundsätzlich, dass weniger meist mehr ist. Bieten Sie nicht die ganze Palette von Kette, Ohrringen, Armbändern, Ringen und Armbanduhr auf. Beschränken Sie sich lieber auf einzelne, dafür aber ausgewählte Stücke. Männer haben beim persönlichen Schmuck noch weniger Möglichkeiten. Manche wagen sich immer wieder an Siegelringe, auch wenn nichts mehr gesiegelt wird und die Träger von einem persönlichen Wappen weit entfernt sind. Falls Sie nicht gerade zum alten Adel gehören oder zu einer Familie, die seit Generationen hanseatische Reeder stellt, dann entscheiden Sie sich lieber für etwas anderes.

Zum Beispiel für eine Uhr. Gerade für Männer sind Uhren damit eine entscheidende Möglichkeit, sich auszudrücken. Und die Presse berichtet immer wieder gerne darüber. Brad Pitt wurde vom Magazin *GQ* mit einer „Nautilus" von Patek Philippe gesichtet, Matt Damon mit einer „Link" von TAG Heuer und Justin Timberlake mit einer „112" von Chanel. Auch bei Managern steht die Wahl der richtigen Armbanduhr immer wieder im Zentrum des Interesses. Im „Uhren Spezial" von *Focus* wird die staunende Öffentlichkeit beispielsweise darüber informiert, dass Wendelin Wiedeking gerne die „Dashboard P' 6613" von Porsche trägt, Dieter Zetsche hingegen die „Mille Miglia" aus dem Hause Chopard. Der Schraubenkönig Reinhold Würth schätzt die „Große Fliegeruhr“ von IWC und VW-Chef Martin Winterkorn trägt, so kann man lesen, gern eine Rolex Daytona.

Selbst wenn Sie es sich leisten könnten, raten wir dazu, als Normalsterbliche zu extreme Modelle zu vermeiden. Lieber entscheiden Sie sich für ein dezentes, aber durchaus wertiges Modell. Auch sollte die Uhr nicht so groß sein, dass sie nicht mehr unter die Manschette Ihres Hemds passt. Nur besondere Lichtgestalten wie Karl Lagerfeld oder Giovanni Agnelli mit ihren zweifellos teuren Chronometern dürfen die Uhr auch über der Hemdmanschette tragen. Und auch die übrigen Accessoires sollten den von Ihnen beabsichtigten Eindruck unterstreichen. Die Wahl der richtigen Tasche, des richtigen Stifts und anderer Werkzeuge sollte mit Bedacht und passend zu Ihrem übrigen Outfit vorgenommen werden. Uhren, Taschen und Schreibgeräte dürfen gerne auffallen, aber nicht aufschreien.

Brillen: Von der Sehhilfe zum Imagemacher

Ein wichtiger Imagefaktor ist inzwischen auch die Brille. TSG, wie der hessische SPD-Kandidat Thorsten Schäfer-Gümbel genannt wurde, machte im Wahlkampf 2009 mit seiner wenig schmeichelhaften Brille eine Zeit lang Furore. Der erfahrene Augenoptikermeister Detlef Michel stellte auf Anfrage von *FAZ*-Journalisten fest: „An seiner Brille ist alles falsch.“ Er bemängelte, dass die Brille von der Stange in vielen Belangen für den Träger unpassend ist: zu kleine Brückenweite, zu flache Gläser, zu kurze Bügel und noch mehr Sünden. Mit der Ausnahme von Guido Westerwelle hält er die meisten Brillen deutscher Politiker für eher schlecht gewählt. Die Entscheidung für die „richtige" Brille will also wohlüberlegt sein!

Hut, Schal, Regenschirm: Accessoires und Zubehör

Im Magazin der *Süddeutschen Zeitung* fanden wir Hinweise darüber, was Ihre Tasche über Ihre Persönlichkeit verrät. Die Aktentasche beispielsweise tragen demnach Broker, Konkursverwalter oder Juristen. Den Koffer tragen eher Diplomaten, Repräsentanten und Schweizer Banker. Oder der Trolley: Er soll bevorzugtes Utensil von Piloten, Vertretern und Meilensammlern sein. Also treffen Sie Ihre Auswahl sorgfältig. Es bleibt nur die Frage, wie sich ein Banker entscheidet, der Meilen sammelt – aber lassen wir das einstweilen auf sich beruhen. Die Schweizer Banker dürfen aktuell ohnehin nur sehr eingeschränkt in die USA reisen.

Keinen guten Eindruck machen in den entscheidenden Situationen des geschäftlichen Auftritts die sehr beliebten billigen Plastikkugelschreiber mit Firmenlogo und Werbeaufdruck. Wir haben es in unseren Trainings häufiger erlebt, dass selbst hochrangige Führungskräfte im Vertrieb beim Kundenbesuch sogar Schreibgeräte mit Werbung der Konkurrenz ungeniert benutzten („Wieso? Der schreibt doch gut!"). Dabei war es gleichermaßen egal, ob es sich um Kulis der eigenen Konkurrenz handelte oder, noch schlimmer, um einen Schreiber des schärfsten Wettbewerbers des Kunden, mit dem sie gerade verhandeln. Männer tragen hoffentlich auch keinen von der Ex gestrickten Pullover, wenn sie mit ihrer neuen Flamme ausgehen – und wenn doch, dann nur einmal.

Stecken Sie Stifte nicht unbedingt in die äußere Brusttasche Ihres Anzugs. Viele Menschen gerade aus technischen Berufen tun das zwar gerne, aber der Stift muss ja nicht wirklich immer griffbereit sein wie der Colt für den Sheriff. Männer neigen dazu, alles in die Taschen des Anzugs zu packen. Eine Brieftasche mit allen Karten sowie vielleicht ein kleiner oder weniger kleiner Kalender, Mobiltelefon, Schlüsselbund, Taschentücher und dergleichen mehr. Oft beulen dabei die Taschen ordentlich aus. All das sieht nicht wirklich schick aus. Spätestens dann, wenn Sie vor ein Auditorium treten, sollten Sie Ihre Taschen ausleeren. Der Anzug sitzt wieder und Sie machen einen deutlich besseren Eindruck.

Doch es gibt auch Accessoires, die selbst Topmanager schlecht aussehen lassen. So hatte Sandy Weill, der frühere CEO der Citigroup, einen offenen Kamin in seinem Büro – zu einem geschätzten Preis von 100 000 Dollar. John Thain, der frühere Chef von Merrill Lynch, investierte als frischgebackener Vorstandschef mitten in der Subprime-Krise zunächst 1,2 Millionen Dollar in die Renovierung seines Büros. Als im November 2008 die Vorstandsvorsitzenden von General Motors, Ford und Chrysler um US-Staatsgelder bettelten, machten sie sich lächerlich, als sie zur Anhörung vor dem amerikanischen Kongress mit dem Firmenjet anreisten. Dafür wurden sie denn auch öffentlich heftig gescholten. Zur folgenden Anhörung fuhren die Herren der „Großen Drei“ dann statt im Jet brav viele Hundert Kilometer mit dem Firmenwagen. Wir sehen damit, was auch zählt, um wirklich souverän und der jeweiligen Situation angemessen aufzutreten: Verhalten Sie sich so, wie andere Menschen es von Ihnen erwarten, wenn Sie etwas von Ihnen wollen.

3

KOMMUNIKATION

Miteinander reden und Gehör finden

„Meine Frau versteht mich nicht …“ – „Haben Sie es mal mit einer anderen Stimme probiert?“ In diesem Witz über die übliche plumpe Anmache und den passenden weiblichen Konter versteckt sich eine interessante Frage: Wie muss eigentlich eine Stimme klingen, damit sie attraktiv wirkt? Was lange nur akustische Kaffeesatzhörerei war, wird inzwischen immer mehr erforscht und erklärt. So viel wissen wir heute: Eine große Rolle spielen die Sprachmelodie, das Pausenverhalten und die Sprechgeschwindigkeit. Die Tiefe des Tons spielt nur eine sekundäre Rolle. Das geht aus den Studien der Phonetikerin Vivien Zuta am Institute for Advanced Studies der Goethe-Universität in Frankfurt am Main hervor.

Stimme und Wirkung

Wir alle kennen Stimmen, deren Klang beim Sprechen wir einfach mögen und die wir gerne hören. Es müssen gar nicht Schauspieler und Synchronsprecher sein, oft genug sind es ganz normale Menschen wie wir selbst. Damit ist auch klar, dass der Klang unserer Stimme ein wichtiger Teil unseres wahrgenommenen Auftritts ist. Mancher hat auch schon die Situation erlebt, in der wir eine unbekannte

Person bereits gehört haben, bevor wir sie zu Gesicht bekommen – und dann vielleicht einigermaßen überrascht sind. Wenn wir unseren positiven Gesamteindruck im Blick haben, dann sollten wir die eigene Stimme nicht überhören. Denn die Stimme kann diesen Eindruck nachhaltig beeinflussen – egal ob wir selbst unzufrieden sind und finden, unsere Stimme würde nicht so toll klingen. Denn neben dem unveränderlichen Timbre, der Stimmklangfärbung, sind für die akustische Wahrnehmung vor allem andere Faktoren zuständig: der Tonfall, die Lautstärke, die Modulation und die Stimmhöhe.

Wichtige Aspekte zum richtigen Einsatz der Stimme sind die richtige Atmung, die Ausnutzung der Fähigkeit zur stimmlichen Modulation und die Entwicklung der Artikulation. Konzentrieren Sie sich auch auf das Sprechen – nicht nur auf den Inhalt. Entscheidend für die Wirkung des Gesprochenen sind zum Beispiel:

- Betonung: Ist Sinngebung auf das wichtige Wort – daher bedacht und sparsam in Satzteilen betonen.
- Sprechpausen: Damit lassen Sie Ihren Zuhörern Zeit zum Hören und Nachdenken – und Ihnen zum Luftholen.
- Sprechweise: Keine Silben verschlucken, deutlich und akzentuiert sprechen.
- Dynamik: Ausreichend laut für alle Zuhörer sprechen, variieren Sie die Lautstärke.
- Modulation: Mit der Veränderung in Tempo und Betonung bauen Sie positive Spannung auf.
- Sprechtempo: Zu schnelles Sprechen erschwert das Verständnis, zu langsames Sprechen ermüdet.
- Setzen Sie Pausen bewusst ein – als dramaturgische Pausen vor Höhepunkten oder vor wichtigen Aussagen,

als Besinnungspausen nach Fragen, nach Gedankenabschnitten oder nach besonders wichtigen Aussagen.
- Wechseln Sie zwischen leichten und schwierigen Textpassagen. Unterstützen Sie das Gesagte nach Möglichkeit nonverbal mit Mimik und Gestik.

Diese Wirkelemente können wir selbst verändern und zum Beispiel anpassen an den Raum, in dem wir sprechen, das Thema und die Zuhörer. Stimme ist also nichts vollständig Schicksalhaftes, im Gegenteil. Sie können sich darauf einstellen, mit wem Sie sprechen und was Sie mit Ihrer Art zu sprechen unterstreichen wollen.

Ei horsch emal: Heimat und Dialekt

Ein Wort der Vorsicht zum allzu unverblümten und bedenkenlosen Gebrauch landestypischer Dialekte. Denn Dialekte lösen Emotionen aus, und es sind nicht immer nur positive. Bei jährlichen Umfragen nach dem sympathischsten Dialekt landet jedes Jahr wieder Bayrisch auf Platz eins und Sächsisch und Schwäbisch finden sich ganz hinten als wenig beliebte Mundarten. Dialekte können bei Menschen gleichen Zungenschlags durchaus Sympathie und Nähe ausdrücken, schließlich gilt: Heimat bleibt Heimat. Es bleibt allerdings das Risiko, anzuecken, denn Dialekte sind nicht immer für jeden verständlich. Manchmal wird das Gehör doch so weit malträtiert, dass der Zuhörer sehr aufmerksam sein muss. Das ist im mindesten Fall unhöflich. Und dann gibt es ja noch die vielen dialekttypischen Ausdrücke, die auch nicht immer überall verstanden werden: Wann genau ist eigentlich „viertel sechs“? Was kann schon in einer Wurst drin sein, die den Namen „Pinkel“ trägt? Und was serviert Ihnen der Kölner, wenn Sie eine „Halve Hahn“ bestellen? Hochdeutsch ist nun einmal die mehrheitsfähige und für Sie nützliche Lösung. Denn im professionellen Umfeld wird es geschätzt, wenn der Gesprächspartner sich trotz eigenen Dialekts hörbar auf den anderen hinbewegt und sich bemüht, klar und verständlich zu sprechen. Was uns gleich zum nächsten Punkt führt: die Deutlichkeit der Aussprache. Unpräzise Artikulation wird von vielen Zuhörern als unhöflich oder nachlässig interpretiert. Schlechte Aussprache führt beim Zuhörer zu Ermüdung, Abneigung oder Widerspruch. Da Ihnen doch an einem guten Gesamteindruck gelegen ist, sollten Sie das nicht offenen Ohres riskieren.

Business Speak: Die hörbar hässliche Uniform

„Mit dem immer wachsenden Einfluss englischen Wesens mehrt sich neuerdings in bedenklicher Weise die Zahl der aus dem Englischen stammenden Fremdwörter.“ Dies werden viele bestätigen können und zustimmen. Ob wir auf dem Bahnhof die „DB-Lounge“ und das „Service-Center“ finden, ob in Unternehmen von der „Corporate Social Responsibility“ die Rede ist, ob Sie in „Outdoor-Kleidung“ shoppen gehen oder sich daheim im Fernsehen eine Sendung mit der „Super-Nanny“ anschauen oder eine „Doku-Soap“, in der Werbung werden wir dann gewarnt: „Don’t call it Schnitzel!“ Wer das nicht mag und was dagegen hat, wird dann sicher auch folgender Aussage zustimmen: „Auch in dieser Spracherscheinung treten die alten Erbfehler des deutschen Volkes wieder hervor:

Überschätzung des Fremden, Mangel an Selbstgefühl, Missachtung der eigenen Sprache."

Ja? Dann beruhigen Sie sich. Beide Zitate stammen aus einer Erklärung des Allgemeinen Deutschen Sprachvereins aus dem Jahr 1899 und waren eine Reaktion auf eine Vorlesung mit dem Titel „Wider die Engländerei in der deutschen Sprache" des Berliner Lehrers Hermann Dunger. Die Zitate zeigen vor allem auch, wie alt das Problem ist. Wir verdanken dieses Anschauungsmaterial dem Sprachwissenschaftler Guy Deutscher von der Universität Leiden in Belgien. Er nähert sich in seinem ausgezeichneten Buch *Du Jane, ich Goethe* als einer der wenigen unverkrampft und nicht dogmatisch dem Phänomen des Sprachwandels, der uns alle betrifft.

Denn Sprache ist eines der wichtigsten Mittel unserer Wirkung durch Verständigung. Wenn es also um unseren Eindruck auf andere geht, dann bedeutet dies beim Thema Sprache, dass wir uns schon überlegen müssen, wie wir durch höher dosierte Anglizismen auf andere wirken. Issues Management, Q&A-Sheet, Sustainability – was genau ist damit eigentlich gemeint? Nicht allen ist die Bedeutung dieser Worte klar. In der Regel versteht sogar die Mehrheit die Bedeutung der meisten englischen Wörter nicht oder zumindest nicht richtig. So konnten sich nur 15 Prozent der Teilnehmer an einer Befragung vorstellen, was Siemens mit „be inspired" sagen will, und für 92 Prozent blieb es ein Rätsel, was RWE mit „one group, one utility" meinte, dem inzwischen wieder eingestampften, aber zuvor millionenteuer kommunizierten Sinnlos-Slogan.

Vor diesem Hintergrund lohnt es sich darüber nachzudenken, ob die gedankenlose Anwendung englischer Begriffe wirklich das Verständnis hebt. Nicht wenige

Unternehmen gehen einen Schritt weiter. Große und international tätige Unternehmen wie beispielsweise ABB oder Siemens erwarten von allen Beschäftigten, dass Englisch gesprochen wird, wenn an einem Termin Mitarbeiterinnen oder Mitarbeiter teilnehmen, deren Muttersprache nicht Deutsch ist. Warum eigentlich zwingend? Wir wissen aus eigener Erfahrung in einer Vielzahl von Unternehmen, dass keineswegs alle Beteiligten so gut Englisch verstehen, geschweige denn sprechen können, dass die Besprechung ohne gravierende Missverständnisse durchgeführt wird. In der wissenschaftlichen Welt sind Publikationen oder Kongresse ohne englische Sprachkenntnisse schlicht nicht mehr möglich. Und auch in einer Reihe von Studiengängen werden Sie vielen Veranstaltungen auch an deutschen Hochschulen nur noch in Englisch folgen können. Und dann gibt es noch all jene Wörter, die irgendwie aus dem Englischen kommen und doch nichts oder etwas ganz anderes bedeuten. Ein „Handy" ist nur im Deutschen ein Mobiltelefon, der „Body" ist kein Kleidungsstück, der „Slip" hingegen ein Unterrock und „Bodybag" meint im Englischen einen Leichensack. Solche Fallen lauern immer und überall und die Meister des „Denglisch" tappen immer wieder gerne hinein.

„Kommunikation ist es erst, wenn es jeder versteht." Dieser Satz stammt von Harry Walther, dem legendären Wahlkampfmanager Willy Brandts in seiner Zeit als Regierender Bürgermeister Berlins. Er gewann damit Wahlen. Die frühere rot-grüne Bundesregierung hatte gewonnen und startete danach eine Exzellenzkampagne mit dem vollkommen unsinnigen Slogan „Brain Up". Doch wenigstens Monika Grütters, CDU-Politikerin im Bundestag, hat sich die Rettung der deutschen Sprache auf die Fahnen geschrieben. Mit ihr zusammen forderten viele Unterzeichner, dass Deutsch als Landessprache im Grundgesetz verankert wird. Da wäre es gut zu wissen, ob die engagierte Frau und Honorarprofessorin selbst ausreichend Deutsch spricht. Man darf es bezweifeln. Im Bundestag sagte sie beispielsweise zum Kulturgüterabkommen: „Immerhin haben 109 Staaten ... bereits ihr Commitment erklärt." Und zum Exzellenzwettbewerb der Hochschulen stellte sie fest: „Unter falschem Label wollen wir die ... Exzellenzinitiative nicht verwässern." Oder zur Juniorprofessur: „Diese Incentives, diese Zusatzfinanzierung durch den Bund ... so hat zum Beispiel jede Juniorprofessur grundsätzlich eine Tenure-Option." Auch zum Hochschulpakt bezieht sie Stellung: „Zwar sind die Grünen ... nicht in der Regierungsverantwortung, denn dann könnten sie immerhin ihre Kritik aus dem exekutiven Off in eine konstruktive Politik umwandeln." Ob die deutsche Sprache die Pflege durch Frau Grütters' Hände schadlos übersteht?

Die glücklichen Franzosen haben es da leichter. Ihnen steht die DGLFLF zur Seite, die „Délégation générale à la langue française et aux langues de France". Franzosen lieben Akronyme, also Abkürzungen mit den Anfangsbuchstaben, und der Rekord wird jedes Jahr wieder gebrochen durch eine Behörde mit noch einem Buchstaben mehr. Diese Behörde mit dem langen Namen ist die Nachfolgerin des 1966 von Pompidou gegründeten „Hochkomitees zur Verteidigung und Ausbreitung der französischen Sprache". Sie wahrt die Reinheit der französischen Sprache, korrigiert Ungenauigkeiten und unterbindet den Gebrauch unnötiger Fremdwörter. In einem Gesetz aus dem Jahr 1994 wurde festgelegt, dass für Kongresse, Arbeitsverträge, Amtsformulare und Gebrauchsanweisungen in Frankreich prinzipiell die französische Sprache vorgeschrieben ist. Und so ist der Computer im Französischen eben ein „ordinateur“ der statt mit „Software“ mit „logiciel“ läuft, Sie bekommen statt einer E-Mail ein „courriel“ und eine „Chipkarte“ ist eine „carte à puce“ und so weiter. Vielleicht würde es uns ganz guttun, wenn wir uns ein wenig intensiver und nachhaltiger um den Gebrauch der deutschen Sprache bemühen würden.

Was nämlich oft übersehen wird: Denglisch ist eine Gefahr für erfolgreiche Gespräche! Und ebenso ist besondere Vorsicht bei Plastikwörtern aus der „Bullshit-Kiste“ angebracht: Synergiepotenzial, Kostenoptimierung, proaktives Handeln, ganzheitliches Kompetenzmanagement und ähnliche Ungetüme. Manche dieser Begriffe haben inzwischen verbrannte Erde hinterlassen und sind damit selbst verbrannt. Sie sollten wissen, was mit diesen Begriffen wirklich gemeint ist und Sie sollten diese Wörter nur gezielt dort einsetzen, wo sie dem Verständnis dienen. Ansonsten wird die Präzision Ihrer Sprechweise stark ramponiert werden. Mancher Zuhörer unterstellt Ihnen gar Schwafelei oder mangelnde Kenntnis des Themas. Auf jeden Fall aber unterstützen Sie nicht gerade die Möglichkeiten Ihrer Zuhörer, Sie zu verstehen, Ihnen zu folgen und Sie insgesamt gut zu finden. Reden Sie in einer Sprache, die Ihr Publikum versteht, klar und deutlich.

Kommunikationsfallen: Wie meinen Sie das jetzt?

Dass es allerdings auch bei klar und deutlich eine feine Grenze gibt, erfuhr der Brite Ron Atkinson auf die unsanfte Art. Mit Manchester United und anderen Klubs der englischen Premier League gewann er bedeutende internationale Wettbewerbe, dann arbeitete er bis 2004 als Experte für das englische Fernsehen. Auch in dieser Funktion leistete er Bahnbrechendes. Er schuf den „Ronism“, eine universell gültige Prognose. Historisch ist beispielsweise sein Ausspruch zum Spielbeginn: „Jede von beiden Mannschaften könnte gewinnen, oder es könnte ein Unentschieden geben.“ Er ist damit ein würdiger Nachfolger des legendären US-Baseballers Lawrence „Yogi“ Berra und seiner zahlreichen Yogiismen, von denen einer der bekanntesten lautet: „Man kann viel beobachten durch hinschauen.“ Doch bei Atkinson wurde das Ende seiner Karriere im Jahr 2004 durch eine wesentlich prägnantere Äußerung eingeläutet, als er glaubte, das Mikrofon sei ausgeschaltet. Er nannte den französischen Spieler Marcel Desailly einen „fucking lazy nigger“. Solche „racial slurs“ finden sich eigenartigerweise immer wieder bei Prominenten, gerne auch in Großbritannien. Etwa bei Prince Harry, der Nummer drei in der britischen Thronfolge. Er bezeichnet Pakistaner und andere Araber dann schon einmal recht eigenwillig als „our little Paki friends“ oder auch als „ragheads“. Ein enger Verwandter des diffamierten pakistanischen Absolventen der Militärakademie Sandhurst kommentierte diesen königlichen Fehlgriff formvollendet mit den Worten: „We expect better from our royal family.“ Prince Harry allerdings fand schon 2005 nichts dabei, in einer Nazi-Uniform an einem Kostümfest teilzunehmen.

Auch Carol Thatcher, die Tochter der „Eisernen Lady“, machte ihrer Mutter keine Ehre, als sie den schwarzen Tennisspieler Jo-Wilfried Tsonga, Teilnehmer bei den Australian Open, als „Golliwog“ bezeichnete. Dieser Name steht für ein Kinderspielzeug, das lange Zeit bei der weißen englischen Mittel- und Oberschicht sehr beliebt war, und auch Claude Debussy komponierte ein Stück namens „Golliwog's Cakewalk“. Die Zeiten und die Sprache haben sich geändert.

Heute steht Golliwog für ein typisch rassistisch gestaltetes Negerpüppchen mit Kraushaar, wulstigen Lippen und natürlich im Dienstbotenkleid. Bis in unsere Tage wurde diese Puppe unverändert im Souvenirladen des königlichen Schlosses Sandringham verkauft. Obwohl Carol Thatcher beteuerte, es nur im Spaß gesagt zu haben, kostete sie diese Entgleisung den Job bei der BBC. Und selbst eine Lichtgestalt wie Barack Obama ist nicht vor Kommunikationsfehlern gefeit. Bei dem ersten Auftritt eines US-Präsidenten in einer Talkshow überhaupt, die er im Übrigen mit Bravour meisterte, unterlief ihm ganz am Ende dann doch ein Lapsus. Seine schlechten Leistungen im Bowling kommentierte er trocken mit der Bemerkung: „Ja, wie bei den Behindertenwettkämpfen.“

Sie sehen: Sprache ist mitunter ein sehr glattes Parkett. Also Vorsicht, gleiten Sie hier nicht aus. Denn Sie wollen doch sicher kommunizieren, schwierige Sachverhalte klar und verständlich vermitteln, kurz und präzise auf Fragen antworten. Dann machen Sie es auch anders als Caroline Kennedy, die Tochter von JFK: Sie bewarb sich 2009 um einen frei gewordenen Sitz im US-Senat für den Staat New York. Kennedy wollte damit in die Fußstapfen ihres Vaters und zweier Onkel treten, doch so ganz gelang ihr das nicht. Ihr stand die eigene Sprechweise im Weg, die sie sogar auf

YouTube der Lächerlichkeit preisgab. Denn Frau Kennedy verwendete in Fernsehinterviews allzu oft die Floskel „wissen Sie“ (you know), in einem Interview brachte sie es sogar auf 140-mal. So antwortete sie zum Beispiel auf die Frage nach den Motiven ihrer Kandidatur: „Wissen Sie, ich glaube, wirklich, ähm, dies ist eine Art einzigartiger Moment, sowohl in, wissen Sie, der Geschichte unseres Landes und in, wissen Sie, meinem eigenen Leben, und, wissen Sie, wir stehen vor, wissen Sie, unglaublichen Herausforderungen.“ Und das bei einer zu erwartenden Frage, auf die sich schon ein jeder Bewerber um eine x-beliebige Stelle vorbereiten sollte. Im Verbund mit einer insgesamt verunglückten Kampagne und der Weigerung, in vielen politischen Sachfragen klar Stellung zu beziehen, führte dies zu ihrem Verzicht auf die Kandidatur.

Aus Fällen wie diesen wird klar: Was Ihr Gesprächspartner hört, ist oft etwas anderes als das, was Sie gemeint haben. Neben dem sachlichen Inhalt befriedigt Kommunikation auch persönliche Bedürfnisse: zum Beispiel recht zu bekommen, eigene Überlegenheit zu beweisen oder Unbehagen auszudrücken. Zwischenmenschliche Kommunikation vermittelt immer vier Grundinhalte: den Sachinhalt (das Was) der Kommunikation auf der einen Seite und die emotionalen Themen (das Wie) Appell, Beziehung und Selbstaussage auf der anderen Seite. Alle vier Elemente sind immer gleichzeitig präsent, je nach Thema und Befinden setzen wir aber unterschiedliche Schwerpunkte – beim Sprechen und im Verstehen. Je besser Sie diese Elemente kennen, desto gezielter können Sie Ihr Verhalten steuern, desto erfolgreicher werden Sie kommunizieren, desto weniger Angriffsfläche bieten Sie! Denn Kommunikation umfasst Sender und Empfänger, ist Nachricht und Rückantwort (Feedback) und setzt sich in diesem Rhythmus fort. Bei mehreren beteiligten Personen wird das Geflecht komplizierter, die Prinzipien jedoch bleiben immer die gleichen.

„Der Mülleimer ist voll!" – Sachaussage und Beziehung

Ein Teilnehmer zitierte dazu einmal diesen Satz und erläuterte dann: „Wenn meine Frau das zu mir sagt, dann meint sie viel mehr. Ich soll dann den Eimer runterbringen, ausleeren, desinfizieren und wieder zurückstellen. Und zwar nicht irgendwann, sondern sofort."

Was ist wichtig für unsere Kommunikation, wenn wir die einzelnen Elemente betrachten? Die Sachinformation enthält die Information über eine Sache aus der Perspektive des Senders. („Unser Projekt hat folgende Ziele: ..." – „Zur Vorbereitung auf das Gespräch mit dem Kunden müssen Sie wissen ..."). Der Appell ruft zum Handeln auf („Hören Sie mir doch bitte zu!" „Pflichten Sie mir bei!"). Die Selbstaussage informiert über den Sender („Ich mag keinen Kaviar" – „Ich bin für das Projekt verantwortlich" ...) und die Beziehungsaussage definiert die gegenseitige Beziehung, also die Frage: Wie steht der Sender zum Empfänger? („Du weißt doch, dass ich keine Auberginen mag." – „Für den Erfolg des Projekts übernehmen Sie die Verantwortung!") Auch an dieser Stelle gilt der Hinweis: Neben dem Gesagten vermitteln wir mit nonverbalen Signalen wichtige Botschaften, und diese können für unser Gegenüber bedeutsamer sein als der Inhalt.

Die Sachaussage

Einer der folgenreichsten und berühmtesten Texte der Wissenschaft im 20. Jahrhundert beginnt mit den Worten:

„Wer einmal Anlass gehabt hat, sich in der Literatur bei Ästhetikern und Psychologen zu erkundigen, welche Aufklärung über Wesen und Beziehungen des Witzes gegeben werden kann, der wird wohl zugestehen müssen, dass die philosophische Bemühung dem Witz lange nicht in dem Maße zuteilgeworden ist, welches er durch seine Rolle in unserem Geistesleben verdient." Diese Worte stammen von Sigmund Freud, sie stehen am Anfang seiner Abhandlung *Der Witz und seine Beziehung zum Unbewußten*. Es ist ein langer Satz, 54 Wörter, fünf Nebensätze und eine Aussage, die manchem wohl erst beim zweiten Durchlesen klar werden dürfte.

„What is required of us now is a new era of responsibility." Dieser Satz aus Barack Obamas Antrittsrede als 44. US-Präsident ist das völlige Gegenteil: kurz, prägnant und präzise, zwölf Wörter, ein Hauptsatz. Obamas Worte zeigen, worum es in der Sachaussage geht: Dort bemühen wir uns um eine klare Botschaft und um die Verständlichkeit unseres Anliegens. Wenn Sie verstanden werden wollen, werden auch Sie Ihre Botschaft besser einfach formulieren: kurze knappe Sätze, kaum Fremdwörter oder Fachausdrücke, anschauliche Formulierungen, keine Abkürzungen. Setzen Sie Verben ein, denn „Tu-Worte" zeigen Handlungsorientierung und Tatkraft.

„Die Krise eröffnet in dieser Hinsicht – vielleicht kann man da auch einen Jetzt-erst-recht-Schluss daraus ziehen – durchaus die Notwendigkeit zum flexiblen, zum kreativen Denken." So weit der amtierende Wirtschaftsminister Karl-Theodor zu Guttenberg. Ein anderes Beispiel für eine weitere Gefahr – Einschübe. Diese sind schlecht zu sprechen, beim Hören schwierig zu identifizieren und damit auch für den Sprecher eine Gefahr.

Einfache und kurze Sätze helfen Ihren Zuhörern beim Mitdenken und erleichtern das Verständnis. Eine Untersuchung der Princeton University untermauert dies: Der Urheber einer Aussage wird für intelligent gehalten, wenn er deutliche einfache Formulierungen benutzt. Überflüssig lange Sätze hingegen führen eher zu Zweifeln an der Kompetenz. Adjektive stellen wichtige Aspekte Ihrer Aussage bildhaft dar und wirken auf das Gefühl. Deshalb sollten sie sparsam verwendet werden. Ebenso sollten Sie Vorsicht walten lassen bei jeder Art von Floskeln („Ich will mal sagen …“ – „Ich danke für Ihre Frage …“) oder bei eingeschliffenen Sprachmarotten („Ich sag mal …“ – „Ein Stück weit …“ – „Geht nicht gibt's nicht!“).

Wenn Sie Kompetenz und Expertise vermitteln wollen, dann vermeiden Sie nach Möglichkeit Themen, von denen Sie nur wenig verstehen. Sie gehören doch sicher auch nicht zu den Menschen, die ihren Apotheker um Aktientipps angehen? Oder die darauf vertrauen, dass Boris Becker das von ihm beworbene Bier tatsächlich bevorzugt? Mangel an Expertise wird zu oft schnell erkennbar und disqualifiziert den, der sie offenbart. Und komplizierte Sprache zeigt nicht immer Kompetenz: „Auf zahlreichen Geschäftsfeldern lassen sich Effizienzgewinne und Synergieeffekte erzielen. Die breitere Mandantenbasis sowie das größere Investitionsvermögen werden sich positiv auf das Wachstum des gemeinsamen Unternehmens auswirken.“ Diese Worte in einer Pressemitteilung der Wirtschaftsprüfer KPMG sollten erläutern, welche Vorteile der Zusammenschluss von KPMG Schweiz und KPMG Europe bringt. Hätten Sie es nicht auch lieber konkreter von einem Unternehmen, das beraten will? Vielleicht geht es Ihnen anders, aber wir haben es nicht wirklich verstanden. Vor allem haben wir nicht verstanden, was an dieser Fusion anders oder besser sein soll als bei allen übrigen Fusionen. Und vor allem bleibt unklar, was es dem Mandanten nützt. Aber es müssen nicht immer Berater sein. Auch unsere gute alte Deutsche Post kann das inzwischen sehr gut: „DHL Exel Supply Chain setzt auf die konsequente Nutzung des World Wide Web. Wir sind innovativer Treiber im Einsatz von RFID und bieten Ihnen im Rahmen unseres Services ‚Tag Fit' die auftragsspezifische Ausstattung von Waren mit RFID-Transpondern." So jedenfalls prangt es auf der Homepage und überzeugt sicher jeden auf Anhieb von Kundenorientierung und Servicebereitschaft.

Sei sehen nicht nur an diesen Beispielen: Allzu viel von nichts in der Aussage schadet Ihrer Wirkung und der Wahrnehmung durch andere. Denken Sie nur an die vielen Weisheiten zu allen Fragen des Lebens, die Prominente beinahe täglich formulieren: „Die große Mehrzahl unserer Importe kommt von außerhalb des Landes" (Ex-US-Präsident George W. Bush). „Ich liebe England, besonders das Essen. Es gibt nichts, das ich lieber mag, als eine große Schüssel Nudeln" (Topmodel Naomi Campbell). „Ich find die Kollektion irgendwie so gypsy-bohemian" (US-Fernsehmoderatorin Carmen Electra während der New York Fashion Week). „Der Bundesstaat, den ich regiere, grenzt an Russland und an Kanada, zwei fremde Nationen" (Sarah Palin, Gouverneurin von Alaska und Vize-Präsidentschaftskandidatin von John McCain bei der US-Wahl 2008).

Doch für solche Fundstücke komischer Auftritte müssen wir die Landesgrenzen nicht überschreiten, das können unsere Prominenten schon lange: „Ich war 28 Jahre beim

ZDF, das waren 25 schöne Jahre“ (Volksmusik-Moderatorin Carolin Reiber im Gespräch mit Johannes B. Kerner) und „Von sieben Tagen die Woche arbeite ich vier, und zwei nehme ich frei“ (Verona Feldbusch im Gespräch mit dem Schweizer Journalisten Mark van Huisseling). Kritisieren ist leicht, und vielleicht hat der frühere Fußballprofi Fredi Bobic ja recht, wenn er sagt: „Man darf nicht immer alles so schlechtreden, wie es war.“ Für Sie jedoch gilt: Wenn Sie es besser machen wollen, dann nehmen Sie sich kein Beispiel an diesen Promis. Allerdings stellen wir eine Art rhetorischer Wirkungskonstante fest, die Sie vielleicht auch schon beobachtet haben: Je mehr Unsinn im Brustton der Überzeugung mit klarer Stimme behauptet und je öfter das wiederholt wird, umso weniger Widerspruch scheint die betreffende Person zu erfahren. Und in der Tat wird die bloße Macht der Wiederholung immer wieder in wissenschaftlichen Untersuchungen bestätigt.

Die emotionale Ebene

Natürlich kommt es auch auf den Ton an, den Sie anderen gegenüber anschlagen. „Außer der Dschungel-Show, wo er vorgeschriebene Texte von Pappen abliest, sind seine anderen Sachen doch alle den Bach runtergegangen“ (Dieter Bohlen durchaus wortwitzig über Dirk Bach in *Bunte*). Und die Schauspielerin Pamela Anderson erzählt über Paris Hilton: „Als wir das letzte Mal zusammen in einem Restaurant waren, schmiss sie die Speisekarte auf den Tisch und schrie: ‚Ich hasse lesen. Jemand soll mir bitte erzählen, was auf der Karte steht.‘“

Sie können natürlich lesen – und tun es auch gerade –, aber dennoch zeigen uns diese Beispiele etwas Wichtiges:

Der Ton macht die Musik. Wir achten stark auf das Wie, stärker als auf das Was der Kommunikation. Die Kommunikation auf der emotionalen Ebene und die Körpersprache bestimmen den Erfolg unserer Wirkung auf andere. Nur der Rest entfällt auf den Inhalt, die sachliche Logik und Ihre intellektuelle Brillanz. Asiatische Philosophien und Körpertechniken sehen traditionell in der Bauchregion, im „Hara“, die eigentliche Mitte des Körpers. Das geht ein bis in die Sprache: Entscheidungen treffen wir „aus dem Bauch heraus“, und wenn wir besonders glücklich und verliebt sind, dann haben wir „Schmetterlinge im Bauch“. Auch Amerikaner und Engländer kennen das „gut feeling“. Gestützt wird diese Orientierung durch neue wissenschaftliche Befunde: Im Bauch befinden sich mehr Nervenzellen als im Gehirn, sie produzieren eigene Botenstoffe, die die Übermittlung von Signalen zwischen den Nervenzellen ermöglichen, aber ebenso massiven Einfluss auf unser Wohlbefinden nehmen. Dieses System arbeitet recht autonom: Von diesem Teil unseres Nervensystems gehen mehr Signale in Richtung Großhirn, als von dort empfangen werden. Das Bewusstsein, sachliches Verständnis oder die bewusste Steuerung von Entscheidungen ist somit weniger wichtig, als viele von uns glauben.

Glaubwürdigkeit: Wer's glaubt, ist würdig?

Unsere eigene Gestimmtheit wird von mehreren Faktoren übertragen. Das ist einmal die allgemeine körperliche Energie, die Menge und die Intensität unserer Bewegungen, dann durch die Mimik, die emotionale Färbung der Stimme und auch durch das Vokabular, das wir benutzen – starke oder schwache Worte, positive oder negative Beschreibungen, konkrete oder wolkige Beschreibungen. Von so manchem Vorstand hören wir Aussagen wie folgende: „Etablierte Marktpositionen finde ich schnell langweilig. Ich brauche immer etwas Neues, wo ich etwas bewegen und verändern kann." Spricht man mit Beschäftigten in den Unternehmen, dann stellt sich schnell die Frage: Wird dieser Satz den Mitarbeitern das nötige Vertrauen geben, auch an schwierigen Themen gemeinsam mit dem Vorstand beharrlich zu arbeiten? Oder hat man eher den Eindruck, der oberste Lenker wolle schnell ein paar Karrierepunkte einsammeln und sich dann weiterentwickeln? Oder wenn uns Sigmar Gabriel, bekannt als SPD-Politiker wie als Minister für Umwelt, bei jeder sich bietenden Gelegenheit über die ökologisch katastrophalen Folgen unseres Verhaltens aufklärt: „Der Flugverkehr ist eine große Belastung für das Weltklima. Deshalb ist es wichtig, auf unnötige Flüge zu verzichten." Dafür flog Gabriel mal eben mit einer Maschine der Flugbereitschaft von Mallorca zur Kabinettssitzung nach Berlin und am selben Tag zurück: 50 000 Euro Kosten aus Steuergeldern, 45 Tonnen CO_2-Ausstoß. Und das, obwohl im Sommer beinahe stündlich Maschinen aus allen größeren Städten nach Mallorca abheben. Manche Aussagen sind noch irritierender: „Ich glaube, Schuld ist nicht die richtige Kategorie, um so ein tragisches Unglück zu bewerten. Ich fühle mich aber verantwortlich." Dieter Althaus, Ministerpräsident von Thüringen, wurde von einem Gericht der fahrlässigen Tötung für schuldig befunden. Ob man ihm nach diesem Satz noch seine Reue abnimmt?

Die Botschaft vermittelt mehr Informationen über den Sprecher, als es der bloße Inhalt tut. Vielleicht sogar mehr, als er oder sie preisgeben möchte. In der Selbstaussage neigen wir zur Darstellung unseres vorherrschenden

Selbstbildes. Die beiden Pole dieses Bildes sind „Imponiergehabe“ und „Angstabwehr“. Imponiergehabe meint das Bestreben, eine möglichst gute Figur zu machen. Eindruck schinden durch Fremdwörter, „name dropping“, komplizierte Darstellungen oder Schilderungen von Errungenschaften („mein Haus, mein Auto, mein Boot“). Wir möchten schön sein oder schlau, am liebsten beides, beliebt und erfolgreich, wichtige Leute kennen. Selber schätzen wir solche Gesprächspartner meist weniger. Je mehr sie angeben, Gesprächsthemen häufiger auf sich und ihre Erlebnisse beziehen, laut oder sogar zu laut sprechen, viele „Ich“-Aussagen benutzen und lange am Stück reden – umso weniger schätzen wir sie. Diese Verhaltensweisen verstoßen gegen die implizite Norm der Parität und Gegenseitigkeit von Kontakten.

Hingegen beschreibt Angstabwehr den Versuch, einer schlechten Bewertung oder einem kritischen Urteil zu entgehen. Das ist unser Bemühen, Schwächen, Fehler und Unzulänglichkeiten zu verbergen. Wir tappen gerne in diese selbst gestellten Fallen. Wir tragen zu dick auf und weisen damit auf unseren Drang zum Imponieren hin. Oder durch defensive Darstellung und unnötige Erklärungen entschuldigen wir uns bereits im Voraus für den Fehler. Natürlich merken das unsere Gesprächspartner, sie schalten ab, machen sich lustig oder sie nutzen die Gelegenheit, das Problem – jetzt erst recht! – zum Mittelpunkt der Aufmerksamkeit zu machen.

Wie können Sie hier souverän agieren? Vermeiden Sie übertriebene Darstellungen, positiv und negativ. Rücken Sie sich nicht immer nur in den Mittelpunkt – das kann ins Auge gehen. Und für alle Fälle: Solange Sie nicht ausdrücklich dazu aufgefordert werden, erklären oder entschuldigen Sie nicht, stellen Sie einfach den Sachverhalt dar. Den geschilderten Grund für Ihr verspätetes Eintreffen wird man Ihnen umso weniger glauben, je mehr Sie ihn offensiv vortragen und womöglich noch mit zahlreichen Details ausschmücken.

Mit unserer Kommunikation versuchen wir, Einfluss zu nehmen. Wir fordern andere zum Handeln auf. Unsere Gesprächspartner sind nicht für alle Appelle empfänglich, manche werden sie überhören und anderen widersprechen. Immer dann, wenn es Ihnen gelingt, den Nutzen Ihres Appells zu vermitteln, werden Ihre Erfolgsaussichten steigen. Das Prinzip des „cui bono?“ (wem nützt es?) wenden wir gerne auf uns an. Und nur dann, wenn es ihnen nützt, werden sich die Angesprochenen engagieren und Ihrem Appell folgen. Erarbeiten Sie den Nutzen für Ihren Gesprächspartner und verwenden Sie Zeit darauf, diesen Nutzen zu erklären. Wenn der Nutzen nicht unmittelbar zu erkennen ist – formulieren Sie ihn, griffig und gut zu verstehen.

Der Beziehungsaspekt

„Jeder bei uns weiß doch, dass man ...“ – „Herr Schmidt, ich erkläre das noch einmal ganz langsam nur für Sie: ...“ – „Was glauben Sie denn eigentlich, wen Sie hier vor sich haben?“ Durch den Beziehungsaspekt der Kommunikation drücke ich aus, welches Verhältnis ich zum Empfänger der Nachricht habe – oder gerne hätte –, wie ich zu dem anderen stehe. Wertschätzung oder Geringschätzung werden durch diesen Aspekt der Sprache vermittelt. Die Definition der Beziehung durch Kommunikation wird von Lewis Carroll in seinem Buch *Alice im Wunderland* treffend beschrieben:

„Ich verstehe nicht, was Sie mit ‚Glocke' meinen", sagte Alice. Goggelmoggel lächelte verächtlich. „Wie solltest du auch, ich muss es dir doch zuerst sagen. Ich meinte: ‚Wenn das kein einmalig schlagender Beweis ist!'" „Aber ‚Glocke' heißt doch gar nicht ‚einmalig schlagender Beweis'", wandte Alice ein. „Wenn ich ein Wort gebrauche", sagte Goggelmoggel in recht hochmütigem Ton, „dann heißt das genau das, was ich für richtig halte – nicht mehr und nicht weniger." „Es fragt sich nur", sagte Alice, „ob man Wörter einfach etwas anderes heißen lassen kann." „Es fragt sich nur", sagte Goggelmoggel, „wer der Stärkere ist, weiter nichts." (Aus: *Alice im Wunderland*, S. 163.)

Für ein gutes Gespräch ist es meist hilfreich, wenn Sie den Partner als gleichberechtigt und gleichwertig behandeln. Das beinhaltet, Rücksicht auf Eigenarten zu nehmen, andere Wege zu akzeptieren. Wenn ich meinen Gesprächspartner in Grund und Boden rede oder wenn ich von Anfang an weiß, dass ich recht habe – und behalten werde –, vermittle ich diese Botschaft auch auf der Beziehungsebene. Positive Signale sind Zeichen der Zuwendung und der Aufmerksamkeit – auf der Ebene der Körpersprache und auf der Ebene des Sprechens. Zuhören ist Arbeit. Zuhören verlangt Konzentration, Aufmerksamkeit und das echte Bemühen um ein Gespräch mit dem anderen. Der Fachausdruck für diese Gesprächshaltung ist „aktives Zuhören". Aktives Zuhören bedeutet, dass Sie Ihren Gesprächspartner ausreden lassen, nicht unterbrechen, wichtige Aussagen zusammenfassen und Fragen stellen. Machen Sie sich Notizen – relevante Informationen kann man besonders bei langen Gesprächen vergessen. Zeigen Sie Ihr Interesse durch Zustimmung – „Ja, hmm, genau, interessant, aha". Wir zeigen Interesse durch körperliche Zuwendung und Blickkontakt.

Duzen, Lächeln, Nicken

Eine spezielle Facette der Beziehungsebene ist das Duzen. Es gibt Unternehmen, in denen ist das Thema ganz klar geregelt. IKEA duzt alle, vom steinalten Gründer und Inhaber Ingvar Kamprad über jeden Mitarbeiter bis hin zum Kunden. Manche mögen das nicht, intern macht es die Sache jedenfalls einfacher. Auch in der Werbung werden wir inzwischen gerne von den Werbetreibenden geduzt, von EasyCredit bis zu Aral. In Medien- oder Internet-Unternehmen ist man schneller beim „Du" als in der Bank, und in angelsächsisch geprägten Häusern wird in Deutschland eher der Vorname und dann das „Sie" verwendet. Auch das englisch-amerikanische „You" ist ja keineswegs ein echtes „Du" im deutschen Sinne. Manche Unternehmen glauben fest daran, dass ein „Du" das Arbeitsklima verbessert. „Wir können konkreter und effektiver kommunizieren, wenn wir uns hier alle duzen", glaubt Thomas Tjang, Pressesprecher von EasyCredit. Andere halten den nötigen Abstand für wichtiger. Denn „Sie Arschloch" geht einem vielleicht schwerer von den Lippen als mit dem „Du" vorweg. Richten Sie sich am besten nach den Gepflogenheiten Ihres Arbeitgebers, dann machen Sie nichts falsch. Manche Chefs neigen dazu, einzelne Mitarbeiter zu duzen oder zumindest das Kollektiv („Was schlagt Ihr denn vor?"). Das ist selten höflich, weil meist einseitig. Üblich ist nach wie vor, dass der hierarchisch Höherstehende dem Mitarbeiter das „Du" anbieten sollte und bei gleicher Hierarchie der Ältere dem Jüngeren.

Gespräche können Sie bei Bedarf schnell beenden: Hören Sie Ihrem Gesprächspartner einfach nicht mehr zu. Schauen Sie gelangweilt an die Decke, spielen Sie mit einem Gegenstand, konzentrieren Sie sich bereits nach den ersten Worten auf Ihre Antwort. Sprechen Sie die dann aus, unabhängig von dem, was Ihr Gesprächspartner noch gesagt hat.

Die meisten Menschen halten für die Dauer von circa 60 Prozent der Gesamtzeit Blickkontakt zu ihrem Gegenüber. Wird es weniger, hält man Sie leicht für oberflächlich, weniger angenehm im Kontakt und für weniger glaubwürdig. Wird es mehr, dann nimmt man es leicht als Anstarren wahr und der Blickkontakt wird sogar als unangenehm erlebt. Und um Aufmerksamkeit und Zuwendung zu zeigen, nutzen Sie auch häufiger den Namen Ihres Gesprächspartners. Der eigene Name schafft Aufmerksamkeit, und wenn er von anderen verwendet wird, zeigt uns das Sympathie und Nähe.

4

BENEHMEN

Parieren ohne Peinlichkeiten

Von den Großen dieser Welt kann man immer wieder lernen, wie man sich selbst kleinmacht durch Auftritte, die einen nicht gut aussehen lassen – auch wenn man sonst eher „bella figura“ macht wie Silvio Berlusconi, in regelmäßigen Abständen immer wieder italienischer Ministerpräsident. Er erregt in ebenso regelmäßigen Abständen Aufsehen durch seine höchst individuelle Art des Umgangs mit anderen Menschen. 2009 lieferte er zu Beginn des NATO-Gipfels in Baden-Baden eine Vorstellung ab, die eher an einen gestressten Außendienstverkäufer erinnerte als an einen Staatsmann. Denn zum Fototermin mit allen anderen Regierungschefs auf der Europabrücke in Kehl stieg er aus seiner Limousine, das Handy am Ohr, winkte der Gastgeberin Angela Merkel kurz zu und telefonierte dann noch geschlagene 20 Minuten lang. Die Staatschefs der übrigen Länder schritten schließlich ohne Berlusconi über die Europabrücke und auf den französischen Staatspräsidenten Nicolas Sarkozy zu.

Herr Präsident, Sie sind ein Arschloch: Die gute Anrede

Manche mögen es auch durchaus noch deftiger. So müssen Arbeitsgerichte immer wieder die Frage klären, ob man entlassen werden darf, wenn man zu seinem Chef „du Arschloch“ sagt (es ist ein Kündigungsgrund) oder ob man dem Chef einen Gruß verweigern darf, obwohl der Chef selber gegrüßt hat (dies darf man ungestraft tun). Das Wissen der Menschen über gesellschaftliche Umgangsformen wird auch immer wieder durch Gerichtsurteile bereichert, denen wir hilfreiche Ratschläge entnehmen können, wann wir etwas tun können und in welchem Umfeld wir es besser sein lassen sollten. So stellte das Arbeitsgericht Leipzig fest, dass Bezeichnungen wie „fettes Schwein“ unter Kollegen im Bau- oder Reinigungsgewerbe nicht das gleiche Gewicht haben wie in der Vorstandsetage einer Bank. Daneben gibt es natürlich noch Fragen des gesellschaftlichen Umgangs von erheblich größerer, geradezu existenzieller Bedeutung: Wie werden denn in einer demokratischen Republik, die schon in der Weimarer Zeit die Adelsprivilegien abgeschafft hat, im gesellschaftlichen Umgang ein Graf („Durchlaucht“) oder der päpstliche Nuntius („Exzellenz“) korrekt angesprochen? Und hat ein Herzog oder ein Hochschulrektor bei Tisch den Vortritt? Hier gilt: blaues Blut vor großem Geist.

Doch so kompliziert muss es gar nicht werden. Oft fehlt es schon an den Grundlagen des normalen Umgangs mit anderen, wie Personalberater und Personalleiter immer wieder feststellen. Und dabei ist das gute Benehmen in Gesellschaft anderer keineswegs ein Privileg der oberen Führungsetagen oder ein besonderer Mangel auf Sachbearbeiterebene. Mehr oder weniger gelungene Auftritte finden sich auf allen Ebenen des Unternehmens. Ein beredtes Zeugnis legen davon auch die zahlreichen Artikel in den unterschiedlichsten Zeitungen und Zeitschriften ab. Unter Überschriften wie „15 Stil-Regeln“, „Stilkontrolle!“, „Top in der B-Note“ oder „Wer darf das Gespräch beenden?“ finden wir von *Abendblatt* bis *FAZ* und von *Manager Magazin* bis *Zeit* immer wieder Beiträge, die zeigen, dass hier wohl doch noch längst nicht alles bekannt ist und somit noch Informationsbedarf besteht über korrekte Umgangsformen. Denn es steht außer Frage: Benehmen fördert das eigene Business. Und das beginnt natürlich weit unterhalb der Frage, wie der Bischof von Rom korrekt anzureden ist (da er zugleich der Papst ist, empfiehlt sich „Eure Heiligkeit“ oder „Heiliger Vater“). Die große Mehrheit der Bevölkerung dürfte Gottes Stellvertreter auf Erden wohl nie so nahe kommen, dass sie ihn überhaupt ansprechen könnte.

Mit den vielen kleinen Göttern aus AGs und GmbHs kann das aber sehr viel eher passieren, etwa wenn Sie im Aufzug unverhofft auf den Vorsitzenden des Beirats treffen. Es geht also in Wirklichkeit um die normalen Fragen des alltäglichen Umgangs im Geschäftsleben. Ist es zum Beispiel ausreichend, wenn ein Bewerber auf die Frage nach seiner nicht ganz passenden Bekleidung im Vorstellungsgespräch antwortet: „Wer mich haben will, muss mich halt so nehmen, wie ich bin!“ Da fallen manchen sofort Wirtschaftsgrößen wie Utz Claassen (ehemals EnBW) oder Thomas R. Fischer ein, der frühere Chef der WestLB. Denn bei beiden hätten Kleidung wie Äußerung nicht sonderlich überrascht.

Für nicht wenige Einstellungen oder Beförderungen ist inzwischen wieder der Gabeltest ein wesentliches Kriterium. Denn welches Unternehmen möchte schon riskieren, dass sein Vertriebspersonal beim Geschäftsessen mit Kunden nicht richtig mit Messer und Gabel umgehen kann oder mit dem Weinglas Akrobatik betreibt und dadurch womöglich einen wichtigen Abschluss gefährdet? Früher verließ man sich beim richtigen Benehmen auf den „Knigge“, der stets als Benimmbuch gesehen, aber nie als solches geschrieben wurde. Denn es war mehr oder minder ein umfassendes Handbuch zum Erfolg im gegenseitigen Miteinander. Inzwischen hat sich unsere Gesellschaft verändert, wir sind auch internationaler geworden, in Deutschland und auf Reisen, ob geschäftlich oder privat. Was bei uns als richtig gilt, kann an einem anderen Ort der Welt ein grober Fauxpas sein.

Stil als Fahrstuhl zur Karriere

Gutes Benehmen ist natürlich kein Selbstzweck. Auf der einen Seite erleichtert es den Umgang miteinander. Zu wissen, was ich vom anderen erwarten darf, erleichtert den Umgang erheblich. Und ein gutes Essen gewinnt erheblich an Qualität, wenn die Gäste sich richtig benehmen. Doch der Wert korrekten Benehmens geht weit darüber hinaus: Unser berufliches Vorankommen wird durch unser richtiges oder falsches Benehmen erheblich gefördert oder eben nachhaltig behindert. Wissenschaftlich überprüft hat das Dierk Hierschel, der Chefökonom des Deutschen Gewerkschaftsbundes. In seinem früheren wissenschaftlichen Leben forschte er über Ursachen des Reichtums und fand dabei unter anderem heraus, dass soziale Herkunft mehr zählen kann als Intelligenz. Und das liegt in erheblichem Maße daran, dass „die Höhe des Einkommens vom sozialen, kulturellen und ökonomischen Kapital des

Elternhauses“ beeinflusst wird. Hierschel stellte fest, dass, „wer dazugehört, weiß, wie man stilvoll Einladungen gibt, welche Schuhe man trägt, wie man Konversation macht“. Eine klassische bürgerliche Allgemeinbildung ermöglicht es, dass man sich über Opern unterhalten kann, mit Malerei vertraut ist und eben auch weiß, wie man einen Hummer richtig isst.

Wobei das für eine Vielzahl unserer Politiker und Politikerinnen nicht in demselben Maße zu gelten scheint wie für Menschen in der Wirtschaft. Legende sind die fast schon klassischen Pöbeleien in den Parlamenten. Politisch förderliche Zwischenrufe wie „Sie sehen so ungewaschen aus!“, „Das ist ein Bananen-Otto!“ oder „Entweder bekommt er eine Frischzellenkur oder er geht zum Pferdemetzger!“ gehören dort zum Alltag. Noch spannender besonders für die Zuschauertribüne wird es dann, wenn sich die Volksvertreter neben dummen Bemerkungen auch noch vollkommen ungeniert benehmen. Ob der frühere Außenminister Fischer sich häufiger mit den Fingern im Mund Abhilfe schaffte, ob Abgeordnete unter Zeitungen über dem Gesicht zu schlafen scheinen, ob die Parlamentarier während der Reden anderer Abgeordneter ihren Respekt dadurch ausdrücken, dass sie Akten bearbeiten oder wie pubertierende Jugendliche auf der Bank lümmeln – in jedem Fall sind dies keine guten Beispiele für das Volk, das sie doch vertreten sollen.

Für das Bürgertum gab es schon immer Benimmkurse, das begann im Elternhaus mit der Vermittlung der wichtigsten Regeln und ging in der Tanzschule weiter. Das war oft steif und förmlich, aber dafür klar und präzise. Und auch heutzutage gibt es wieder eine Fülle von Kursen zur Etikette. Der Wert guter Manieren für den Geschäftserfolg ist in den letzten Jahren wieder gestiegen. Und nicht nur

Manager erlernen den Business-Umgang vom richtigen Sitzen über den korrekten Umgang mit Artischocken bis zum Small Talk, auch Auszubildende und Berufseinsteiger nach der Hochschule bekommen inzwischen vom Arbeitgeber in solchen Seminaren den letzten Schliff fürs Berufsleben.

Blendung und (Selbst-)Täuschung

Ein Teil dieser besonderen Wirkung korrekten Auftretens übt hier der sogenannte „Ähnlichkeitseffekt" aus. Menschen, die uns in Merkmalen oder Verhaltensweisen ähneln, werden eher mit Sympathie und Akzeptanz bedacht als Personen, die „anders" sind oder sich „falsch" benehmen. Je mehr Ähnlichkeiten wir entdecken, umso überzeugender wirkt die andere Person auf uns. Und von den Mitgliedern einer gesellschaftlichen Gruppe erwarten wir Übereinstimmung, also typische Verhaltensweisen in wesentlichen Dingen. Das ist Bestandteil unserer Stereotype für eben diese Gruppe. Stellen wir nun Unterschiede zwischen unserer Wahrnehmung und dem erwarteten Verhalten fest, dann neigen wir dazu, die Zugehörigkeit infrage zu stellen. Ob Neugeschäft oder Neueinstellung, wir bevorzugen das Ähnliche.

Die besondere Bedeutung des richtigen Benehmens ist psychologisch auch im Kontext des „Halo-Effekts" zu verstehen. Dieser Effekt beschreibt die Verhaltenstendenz, von spezifischen Verhaltensweisen einer Person auf generelle Merkmale zu schließen. Und jemand, der sich „richtig" zu benehmen weiß, ist eben jemand, der dazugehört. Ein Mensch mit guten Manieren wird darum von uns immer eher als vertrauenswürdig und seriös eingeordnet. Kein

Wunder, dass dieser wichtige Baustein zum Betriebskapital eines jeden erfolgreichen Hochstaplers gehört.

Fremde Länder, fremde Sitten

Zusätzliche Probleme entstehen daher auch immer dann, wenn wir uns nicht nur gesellschaftlich außerhalb der uns vertrauten Sphäre bewegen. Die ganze Situation bekommt eine besondere Brisanz, wenn wir uns auf internationales Parkett begeben. Ein gutes Beispiel dafür liefern uns Besucher aus Osteuropa oder Asien, die sich natürlich in ihrem speziellen Umfeld richtig zu benehmen wissen, aber in unserer Sphäre anecken, wenn sie das für sie natürliche Benehmen zeigen. Sie können es selbst beobachten und immer wieder lesen, wie beispielsweise bei japanischen oder chinesischen Touristen auf Europa-Tour das passende oder unpassende Benehmen ausfallen kann. Dann werden Beschwerden laut über Mitglieder von Reisegruppen, die laut hörbar essen, schmatzen und rülpsen oder die ungeniert auf den Boden spucken. In China kein Problem: Dort zeigt man, dass die Nudelsuppe wirklich lecker ist, wenn man sie laut hörbar schlürft.

Doch das Fehlverhalten im Ausland ist natürlich nicht nur den Ausländern vorbehalten. Außerhalb unserer Republik sind wir dann die Ausländer und das Wissen um stilsicheres Verhalten im Lande zählt auf einmal nicht mehr. Deutsche ecken im Ausland häufig deswegen an, weil sie als Menschen gelten, die sehr direkt und ehrlich sind. Das wirkt in anderen Kulturen dann häufig unhöflich und rücksichtslos. Oder die vor Ort etablierten Entscheidungskulturen wie beispielsweise das japanische „nemawashi“, in dem sich alle Teilnehmer einer Konferenz bereits im

Vorfeld in langen Abstimmungen auf den Konsens einigen, stört uns erheblich. Doch unser Drängen auf schnelle und klare Entscheidungen gilt dort als vollkommen unmöglich. Viele Franzosen und Italiener mögen es gar nicht gerne, wenn man beim Essen über Geschäfte spricht, und Amerikaner sind oft irritiert, wenn es beim geschäftlichen Mittagessen schon ein Glas Wein gibt.

Sozialer Geruchssinn und Zugehörigkeit

Professor Wolfgang Mayerhofer, Managementforscher an der Wirtschaftsuniversität Wien, bestätigt in seinen Studien die Bedeutung guten Benehmens für den beruflichen Aufstieg. Er fand heraus, dass bei der Besetzung von Führungspositionen diejenigen Kandidaten bevorzugt werden, die den „richtigen" Eindruck erwecken. Die Auswahl von Bewerbern wird demnach nicht unerheblich durch eine Art „sozialen Geruchssinn" gesteuert. Diese gläserne Bürodecke des Ein- und Aufstiegs existiert, auch wenn sie vielleicht unfair ist. Bestätigt werden diese Ergebnisse von Michael Hartmann, Professor für Soziologie an der TU Darmstadt, der sich ebenfalls seit Jahren mit dem „Mythos der Leistungseliten" beschäftigt. Er stellt fest, dass Entscheider dem Menschen, dem sie einen wichtigen Posten geben, vor allem vertrauen wollen. Und das ist natürlich eher bei Menschen der Fall, die ähnliche Wertvorstellungen haben wie ich selber und die auch ähnliches Verhalten zeigen. Das geht, laut Hartmann, bis in die Art, wie man geht, spricht oder isst. Und ganz wichtig ist auch die Souveränität im Umgang mit diesen Herausforderungen. Der Aufsteiger, der sich all dieses Wissen mühsam aneignen musste, wird häufig in der Angst leben, Fehler zu machen.

Und diese negative Erwartungshaltung – im Sinne der sich selbst erfüllenden Prophezeiung – ist natürlich wiederum die beste Voraussetzung für tatsächliche Fehler, die man dann macht. Oder zumindest für ein verkrampftes Verhalten in der Erwartung von Fehlern, was auch oft nicht unbemerkt bleibt.

Wir haben bereits zu Beginn dieses Buches die Theorie der sich selbst erfüllenden Prophezeiung von Robert K. Merton erläutert: Die Selbsterfüllung der Prophezeiung wirkt so, dass unsere Vorerwartung unser Verhalten beeinflusst, dieses entsprechende Verhalten löst dann natürlich wiederum ein entsprechendes Verhalten unserer Partner aus. Der Kreis schließt sich, die Stereotyp-Falle kann wieder neu zuschnappen. Der Souveräne wird sicherer in seinem Verhalten sein und sich vielleicht auch einmal Abweichungen erlauben. So wird er den angebotenen Kaviar, wenn er keine Lust darauf hat, mit einer eleganten Handbewegung und ohne Begründung ablehnen (höchstens ein „Danke, heute nicht"), während der Benimm-Adept tapfer seine Fines de claires mit bretonischem Salzwasser schlürft, obwohl ihm vor dem Austern-Glibber graust.

Was sind nun die wichtigsten Prinzipien, die so häufig und schmerzhaft als fehlend beklagt werden? Wir fassen für Sie ein paar wichtige Grundregeln zusammen:

Generell gilt sicher das Prinzip von Freundlichkeit, Höflichkeit, Pünktlichkeit und Rücksichtnahme anderen gegenüber. Wenn ich diese als wichtigste Prinzipien respektiere, kann ich schon nicht mehr allzu viel verkehrt machen. Das beinhaltet auch die Bereitschaft, sich in seinem Verhalten an dem der übrigen Mitglieder einer Gruppe zu orientieren – seien es nun die Gäste in einem Restaurant oder in einer Lounge, andere Reisende oder Kollegen in einer Besprechung. Damit werden ebenso

Probleme bei einer Weihnachts- oder Betriebsfeier auf die Plätze verwiesen wie die gröbsten alltäglichen Fehler. Denn diese Prinzipien vermitteln uns sehr klar, dass jede Übertreibung im Verhalten zu Problemen führen wird. Ob ich nun auf der Feier zu viel trinke, ob ich zu wenig Kleidung trage oder zu laut mit dem Handy telefoniere, diese Fehler können Sie dann eigentlich nicht mehr machen.

Ein Teil des guten Benehmens ist die korrekte Kleidung. Berücksichtigen Sie den Anlass und den Rahmen, erweisen Sie den anderen Beteiligten durch Ihre Kleidung den entsprechenden Respekt. Was das konkret bedeutet, haben wir Ihnen schon im Kapitel zur Körpersprache erläutert.

Der erste Kontakt: „Sehr erfreut!" oder „Hallööööchen!"

Wichtig ist immer auch der Anfang des Kontakts, die Begrüßung. Hier gilt generell, dass der Gastgeber den Gast zu begrüßen und vorzustellen hat, sei es auf der Party oder in einer Besprechung. Ranghöhere Menschen haben im Geschäftsleben Vorrang, inzwischen unabhängig von Geschlecht oder Alter. Grüßen Sie Chef oder Chefin zuerst, der entscheidet dann, ob er Ihnen die Hand reichen möchte. Der Händedruck ist dann kurz und kräftig, natürlich gehört der Blickkontakt dazu. Nennen Sie Ihren Gesprächspartner beim Namen, sagen Sie etwas Freundliches. Visitenkarten sollten Sie dabeihaben und können diese jetzt austauschen. Höflich ist es, die Karte kurz zu betrachten und erst dann zu verstauen. Wer in der Hierarchie höher steht, darf sich zuerst setzen, während die Übrigen warten. Im Business gelten diese Regeln auch für Frauen, das alte „Ladies first“ ist der Gleichstellung von Frauen und Männern zum Opfer gefallen. Bei einer Begrüßung stehen mittlerweile auch die Damen auf, denn Hierarchie schlägt Courtoisie.

Small Talk: Leicht ist schwerer, als man denkt

Im Gespräch gelten die Grundregeln von Interesse, Höflichkeit und Rücksichtnahme. Hören Sie anderen zu, fallen Sie ihnen nicht ins Wort. Um meine Meinung zu äußern, muss ich anderen nicht zwingend direkt widersprechen. Blickkontakt zeigt Aufmerksamkeit und ein Lächeln unterstreicht unsere freundliche Grundeinstellung. Bei geschäftlichen Terminen ist das Thema oft klar, doch worüber sprechen Sie davor und worüber bei eher gesellschaftlichen Anlässen?

Diesen Teil der Gespräche nennt man Small Talk. Wörtlich übersetzt heißt es oberflächliches, eher belangloses Geplauder. Doch das muss es nicht sein. Das Missverständnis kommt wohl auch daher, dass darauf in TV-Sendern ganze Karrieren aufgebaut werden. Schlechte Vorbilder sind die intellektuell eher als Leichtgewichte auftretenden Moderatorinnen und Moderatoren der Sendungen mit oft belanglosen Informationen über Menschen, die unwichtige Dinge tun und die ohne das Fernsehen auch niemand kennen würde. Echter Small Talk ist hingegen viel anspruchsvoller. Gute Moderatoren sind gute Gastgeber, und sie füllen mit ihren Gästen nicht nur eine ganze Sendung, sie schaffen es auch noch, die häufig genug privat wenig spannenden Eingeladenen gut aussehen zu lassen und zudem eine entspannte, lockere Atmosphäre zu erzeugen.

Möglichkeiten zum gelungenen Small Talk gibt es auch für Sie genug: Sie fahren mit einem Kollegen, den Sie bisher nur vom Sehen kennen, 20 Stockwerke im Aufzug – ohne Gespräch kann die Zeit recht lang werden, und seine Meinung über Sie bildet sich durch dieses Erlebnis! Oder Sie nehmen an einem Geschäftsessen mit einem wichtigen Kunden des Hauses teil, mit dem Sie bisher aber keine Berührungspunkte hatten und mit dem Sie bei Tisch auch nicht über das anstehende Geschäft sprechen können.

Denn überall dort, wo Menschen zusammenkommen, ist die Fähigkeit gekonnten Plauderns gefragt. Das lockere Gespräch ist gefragt. Wenn Sie sich darin üben, werden Sie die Scheu vor solchen freien Situationen verlieren. Worüber können Sie sprechen? Manche sagen: über Gott und die Welt. Wir empfehlen mehr über die Welt und weniger bis überhaupt nicht über Gott zu reden – das Thema wird allzu schnell grundsätzlich und damit auch kritisch. Schaffen Sie sich doch lieber einen Bezug zu der Realität, die die Gesprächspartner erleben. Inhalte können Sie am Ort und Rahmen der Veranstaltung orientieren, der Anlass des Treffens bietet Anknüpfungspunkte. Sprechen Sie über das Wetter, ein beeindruckendes Erlebnis in der letzten Zeit oder das Getränk in Ihrer Hand. Souveränität zeigen Sie mit einer gelungenen Bemerkung zu einem aktuellen, aber nicht entscheidenden Thema. Vermeiden Sie meinungsstarke Bereiche wie Glaubensfragen oder Politik oder abfällige Bemerkungen. Wer weiß, wem Sie damit auf die Füße treten? Schließen Sie eine offene Frage an, hören Sie interessiert zu und geben Sie anderen Beteiligten die Gelegenheit, von sich selbst etwas „preiszugeben“, beziehen Sie auch weitere Personen ein. Small Talk ist der Anknüpfungspunkt für weitere Gespräche. Und guter Small Talk ist wie ein gutes Geschäft – alle profitieren davon.

Den gelungenen Abgang aus dem Gespräch finden Sie dadurch, dass Sie sich anderen Personen gezielt zuwenden:

„Ich habe jetzt ein richtig schlechtes Gewissen, Sie ganz alleine in Beschlag zu nehmen.“ Oder stellen Sie einen anderen Gast vor und machen sich nach einer kurzen Wartezeit höflich davon. Das nimmt Ihnen niemand übel, denn auch alle anderen sind gekommen, um mit vielen Gästen einfach nur zu plaudern.

Essen: Bon appétit!

Nach einem solchen Auftakt geht es dann häufig zu Tisch. Das Restaurant oder den Speiseraum betritt der Gastgeber zuerst. Das gilt auch für eine Dame, wenn sie zum Essen einlädt. Die Tischordnung platziert die Gäste nach deren Bedeutung dichter zum Gastgeber, Gäste aus dem Ausland vor Inländern. Im Restaurant setzen sich nach Aufforderung durch den Gastgeber die Gäste zuerst. Das Essen bestellt zuerst der Gastgeber, dann können sich die Gäste an seiner Wahl orientieren. Sie sitzen aufrecht, nur die Hände liegen auf dem Tisch. Es ist auch bei einem längeren Essen ein Verstoß gegen die Etikette, wenn Sie die Ellenbogen aufstützen. Die Serviette liegt gefaltet auf Ihren Knien, Stoffservietten zeigen mit der geöffneten Kante nach innen. Die Serviette dient zum Abtupfen des Mundes vor dem Trinken oder nach einem Bissen, aber nach dem Essen legen Sie benutzte Servietten nicht auf den Teller, sondern daneben. Beim Besteck beginnen Sie von außen nach innen, Messer und Gabel werden während der Pausen zwischen den Gängen auf den Teller gelegt. Brot und Brötchen werden beim Essen gebrochen, nicht geschnitten. Krustentiere und Wachteln dürfen Sie mit den Fingern essen, wenn eine Fingerschale dazu gereicht wird.

Wenn Sie eingeladen sind, erledigt der Gastgeber die Sache mit dem Trinkgeld. Ansonsten gilt, dass in deutschen Restaurants fünf bis zehn Prozent richtig sind. Wenn Sie mit Karte zahlen, legen Sie das Trinkgeld in der Regel in bar dazu. Im Ausland ist das korrekte Trinkgeld häufig höher, in den USA etwa ist das Einkommen des Servicepersonals auch in guten Häusern in hohem Maße von den „Tips“ abhängig. Beim Friseur, im Taxi und zu vergleichbaren Anlässen reicht es meist, eine ungerade Summe ein wenig aufzurunden, es sei denn, Sie sind besonders zufrieden oder eben unzufrieden. Das Trinkgeld ist der richtige Weg, Ihrem Wohlgefühl oder Ihrer Irritation Ausdruck zu verleihen.

Telefonieren: Ja? Hallo!

Es sind häufig die einfachsten Dinge, die manchen Menschen die größten Schwierigkeiten bereiten. Telefonieren zum Beispiel. Und da man das inzwischen nahezu überall kann, werden wir nicht selten ungewollte Zeugen diverser Verhaltensauffälligkeiten. So wie in der Flughafen-Lounge, wenn alle Übrigen das Publikum für die Bedeutung wichtiger Manager abgeben. Schon das Klingeln des Telefons ist so laut und penetrant, dass alle garantiert wach und aufmerksam sind. Und dann kann jeder, der will, und können auch die Übrigen noch problemlos verfolgen, wie das Erfolgsmodell am Telefon mit Mitarbeitern und Kunden spricht: klare Anweisungen, kategorische Bemerkungen, nicht selten in ungebührlichem Ton – und das in erheblicher Lautstärke, damit es ganz sicher alle hören können. Mit ein wenig mehr Respekt vor anderen, aber vielleicht auch mit der nötigen Diskretion für die Belange des Unternehmens oder der Partner lässt sich das ganze Gespräch meist wesentlich leiser führen. Die Technik ist inzwischen so weit fortgeschritten, dass ich in normaler Gesprächslautstärke in das Mikrofon sprechen kann und mein Partner trotzdem alles gut hören kann, auch wenn er sich wirklich weit weg befindet.

Und auch im Büro dürfen Sie die Regeln stilvollen Telefonierens beachten. Seien Sie freundlich am Telefon, melden Sie sich schnell und mit Ihrem ganzen Namen, das ist sympathischer. Hören Sie zu und telefonieren Sie konzentriert, meist merkt es Ihr Gesprächspartner an der Stimme, wenn Sie sich nebenher anderen Aktivitäten widmen. Salopp gesagt: So muss ein Telefonat laufen, dann klappt es auch mit dem Anrufer.

Unterwegs

Im Flugzeug oder in der Bahn benehmen Sie sich natürlich ähnlich rücksichtsvoll wie im Restaurant. Sie nehmen nur Ihren Platz in Anspruch und nicht gleich den halben Nebensitz, Armlehnen sind für alle da und unpassendes Verhalten wie das ungenierte Bohren in der Nase oder das Reinigen der Fingernägel verbietet sich natürlich von selber.

Doch bereits die gemeinsame Fahrt im Auto hält weitere Tücken bereit, für manche beginnt es bei den Grundfragen: Wer fährt und wer sitzt wo? Wer öffnet eigentlich wem die Tür oder tut „man“ das nicht mehr? Für einen Geschäftsführer in einem Training war dies keine Frage, sondern offenbar ein Stück Lebenserfahrung: „Wenn der Herr der Dame beim Einsteigen noch die Tür öffnet, dann ist entweder der Wagen neu oder die Frau.“

Höflicher ist es schon, wenn der Fahrer dem Beifahrer oder der Beifahrerin die Tür öffnet, und zwar eigenhändig. Fahren Sie rücksichtsvoll, die anderen Fahrgäste könnten sich sonst fürchten, denn die wissen ja nicht immer, dass Sie ein herausragender Könner sind, der jede noch so verzwickte Situation im Verkehr souverän meistert. Drehen Sie die Musik eher leise und wählen Sie dezente Stücke. Heavy Metal oder Acid, Wagner oder Schönberg hören Sie besser dann, wenn Sie alleine oder mit Freunden unterwegs sind.

Sie sehen also, ein paar einfache Regeln, der gesunde Menschenverstand, ein wenig Selbstbewusstsein und souveränes Auftreten bringen Sie direkt ans Ziel. Sie müssen es nicht so halten wie der Ministerpräsident eines nicht gerade kleinen Bundeslandes, der kurz nach seinem Amtsantritt die Einladung zu einem feudalen Essen mit vielen adeligen Gästen auf einem Schloss erhielt. Adel gab es schon immer in seinem Bundesland, doch jetzt war er ebenbürtig und kam zum Diner. Von ihm berichtete das Magazin *Focus*, wie er sich akribisch auf seinen Einsatz in der Blaublut-Szene vorbereitete. „Er hatte die Titel seiner Tischnachbarn auswendig gelernt. (...) Gekonnt begrüßte der Regierungschef den „werten Herrn Grafen“ und die „geschätzte Frau Baronin“ und sprach sie auch während des Fünfgangmenüs stets mit ihren vollständigen Titeln an. Spätestens nach der Vorspeise zogen die ersten Gäste amüsiert die Augenbrauen hoch. Irgendwann flüsterte dann ein Adeliger dem Volksvertreter ins Ohr: „Ich möchte Ihnen nicht zu nahe treten, Herr Ministerpräsident, aber wir legen keinen großen Wert auf komplizierte Adelstitel. Nennen Sie uns einfach bei unseren bürgerlichen Nachnamen.“

Wenn Sie jetzt der Gedanke durchzuckt: „Das könnte ich besser!“, dann sind Sie auf dem richtigen Weg. Ein souveräner Auftritt wird Ihnen deutlich mehr Respekt verschaffen als das übereifrige Bedienen auch abseitigster Regeln. Aber die Grundregeln, die sollten Sie schon beherzigen: Verantwortung, Respekt, zuvorkommendes Verhalten bringen Sie eindeutig weiter.

5

ARGUMENTIEREN

Die Macht der Worte

Prinz Laurent ist von der schnellen Truppe. „Je weniger Zeit ich auf der Straße verbringe“, sagte der Bruder des belgischen Thronfolgers in einem Interview, „desto weniger Zeit und Geld gehen verloren. Darum liebe ich schnelle Autos.“ Der Sohn des belgischen Königs Albert trägt denn auch in Belgien den Spitznamen „Prinz Vollgas“ und ist bekannt für seine zahlreichen Strafzettel für zu schnelles Fahren. Doch Laurent weiß auch hier eine passende Antwort: „Wenn man kürzer unterwegs ist, schrumpft das Unfallrisiko.“

Auch wenn diese Begründungen des rasenden Royals für seinen Fahrstil einer genaueren Betrachtung nicht standhalten werden, so sehen wir doch: Gut argumentiert ist halb gewonnen. Es genügt nicht, nur eine Meinung zu etwas zu haben, man muss sie auch vertreten. Natürlich werden andere Menschen auch andere Ansichten haben, und vielleicht haben sie sogar stärkere Argumente oder nennen Fakten, die wir nicht widerlegen können. In jedem Fall fällt Wahrheit nicht vom Himmel. Was in einer bestimmten Situation als gut und richtig anerkannt wird, ist nicht mathematisch bestimmbar, sondern oft genug das Ergebnis eines sozialen Aushandlungsprozesses und der Kommunikation von Menschen über die Sache. Damit wir eine Auffassung akzeptieren, muss sich die Begründung zuerst einmal plausibel anhören.

Das ist so, weil ...: Wie funktionieren gute Begründungen?

Gute Argumentation folgt entsprechend einer eigenen Logik. Dieses Grundmuster gilt es gezielt auszuwählen und einzusetzen. Die Basis guter Argumentation besteht in einer Behauptung und ihrer Begründung. Diese Behauptung wird auch als „These" bezeichnet. Die Thesen haben grundsätzlich die Form einer Feststellung oder einer Aufforderung zum Handeln. Jeder dieser Thesen folgt eine Begründung oder sie geht ihr voraus. Wir haben für Sie einmal zehn der wichtigsten Muster für Behauptung und Begründung zusammengestellt, die Ihnen zeigen, wie vielfältig Ihre Möglichkeiten damit sind:

Die Handlungsaufforderung: „Wir müssen in Zukunft mehr zusammenarbeiten. Die Basis dazu werden unsere neuen Prozesse legen. *Geben Sie also Ihr Okay!*"

Sie sehen, wie die Begründung zum Abschluss wirkt. Nehmen wir ein weiteres Beispiel: „Für Manager ist die Wirkung in der Öffentlichkeit von entscheidender Bedeutung für das Unternehmen. Daher sollten Sie an einem guten Auftrittstraining teilnehmen."

Die Feststellung aufgrund von Tatsachen: „Claudia Nagel ist die beste Leiterin für das Projekt. Sie verfügt als Einzige über die notwendige Erfahrung!"

Die Verallgemeinerung: „Frauen sprechen nun einmal mehr als Männer. Schau dich doch nur einmal in deinem Bekanntenkreis um."

Die Vorschrift: „Sie dürfen Ihr Fahrzeug hier nicht abstellen! Sehen Sie das Verbotsschild etwa nicht?"

Die Prognose aufgrund von Erfahrungen: „Diesen Kunden wird am besten Herr Zabel betreuen. Er kennt die Branche aus anderen Projekten."

Die Logik: „Das Telefonieren während der Fahrt lenkt vom sicheren Führen des Fahrzeugs ab. Darum ist der Gebrauch eines Handys während der Fahrt verboten."

Die Erfahrung: „Das ist ein gutes Produkt! Alle unsere Kunden sind damit sehr zufrieden!"

Die Plausibilität: „Schauen Sie doch nur einmal, was auf den Autobahnen los ist – dann wissen Sie, wie es den Spediteuren geht!"

Die Tradition: „Unsere Partei ist schon immer für die Rechte der Arbeiter eingetreten."

Die Berufung auf Autoritäten: „Benehmen fördert das Business! Das sagt auch Hans Rudolf Wöhrl – als erfolgreicher Unternehmer muss er das schließlich wissen!"

Wenn Sie diese Argumentationsstrukturen anwenden wollen, sorgen Sie dafür, dass Ihr Begründungssatz stark und werthaltig formuliert ist. Perfekt ist es natürlich, wenn Sie den Beweis für Ihre Behauptung auch antreten können.

Formen für Worte: Rhetorische Argumentationsfiguren

Klare Aussagen und nachvollziehbare Schlussfolgerungen brauchen eine prägnante Struktur. Entwerfen Sie daher einen roten Faden. Der Ablauf Ihrer Argumentation sollte klar werden, dann kann das Publikum Ihren Gedanken folgen. Mit sogenannten „rhetorischen Figuren" bauen Sie Ihre Argumentation entlang einer Gedankenkette auf, die sich an logischen linearen Denkgewohnheiten orientiert. Wir stellen Ihnen sechs wichtige Schemata für Argumentationen dar, die Sie in vielen Situationen anwenden können:

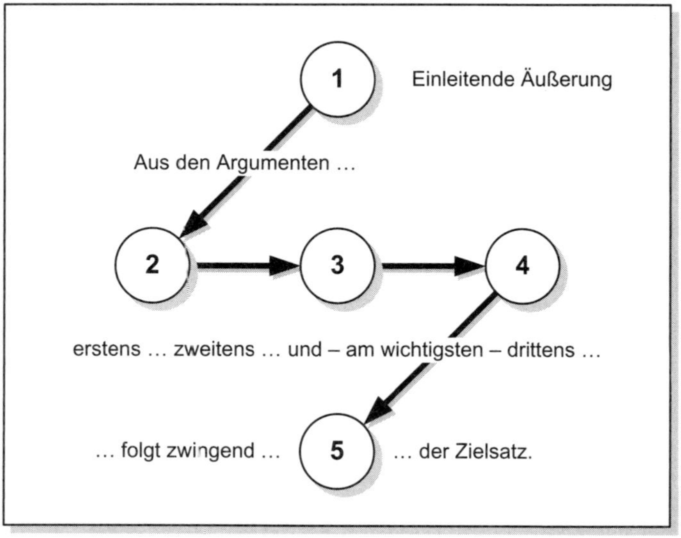

Aufsatzplan

Der Aufsatzplan:
Dieses Muster ist eine einseitige Argumentation für ein Thema, es wird nicht abgewogen. „In diesem Projekt sollten wir mit der Müller AG arbeiten. Für die Zusammenarbeit sprechen die große Erfahrung, die guten Rückmeldungen der Kunden und vor allem der gute Preis. Wir sollten also einen entsprechenden Beschluss fällen."

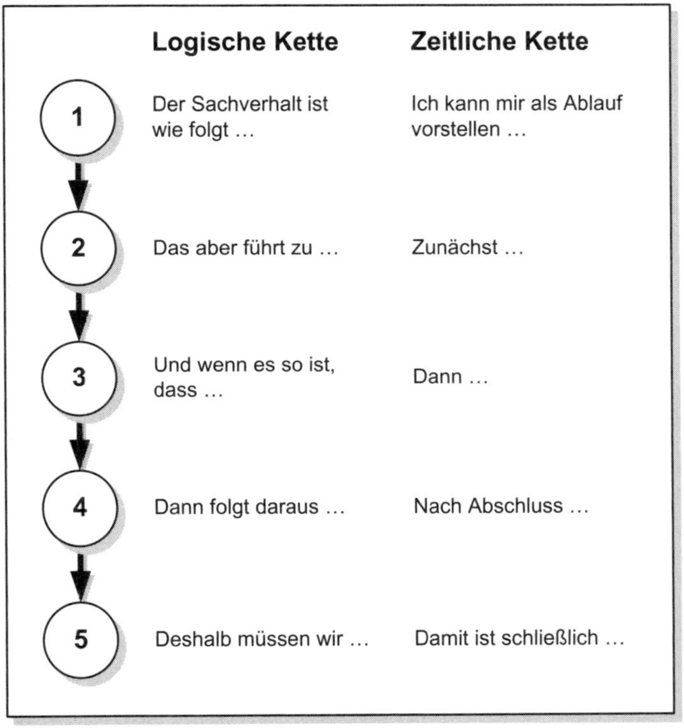

Kette

Die Kette:
Die Kette stellt den zeitlichen oder logischen Ablauf dar und entwickelt daraus zwingend die Kernaussage. „Unsere Kunden haben inzwischen viele ihrer Abläufe virtualisiert. Das führt natürlich zu veränderten Anforderungen an die Zusammenarbeit. Darauf müssen wir uns durch entsprechende Veränderungen einstellen. Also sollten wir die elektronische Signatur einführen. Das wird unsere Zusammenarbeit festigen“ (logische Kette). Die zeitliche Kette sieht so aus: „Um das Projekt erfolgreich durch-

zuführen, sind folgende Schritte notwendig: Am Anfang steht die Konzeptphase mit der ersten Zielabstimmung und dem Projektentwurf. Darauf folgen die Planungsphase und dann die Umsetzung. Der letzte Schritt ist dann der hoffentlich erfolgreiche Projektabschluss."

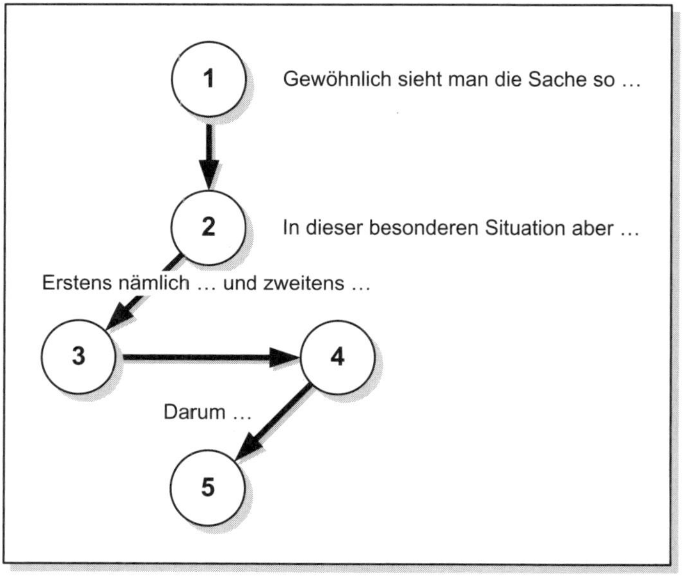

Vom Allgemeinen zum Besonderen

Vom Allgemeinen zum Besonderen:
Dieses Muster beschreibt eine allgemein akzeptierte Annahme oder Tatsache und stellt dem eine Ausnahme gegenüber. Diese Ausnahme wird begründet und das führt zur Schlussfolgerung. „Gewöhnlich stellt sich die Übernahme eines Unternehmens vom Senior als schwierig dar. In meinem Fall aber sind die Chancen wesentlich besser. Ich habe Erfahrungen in anderen Firmen sammeln können und mein Vater zieht sich mit der Übergabe der

Verantwortung tatsächlich aus dem Geschäft zurück. Darum wird es uns gemeinsam gelingen, die Zukunft des Unternehmens zu sichern!"

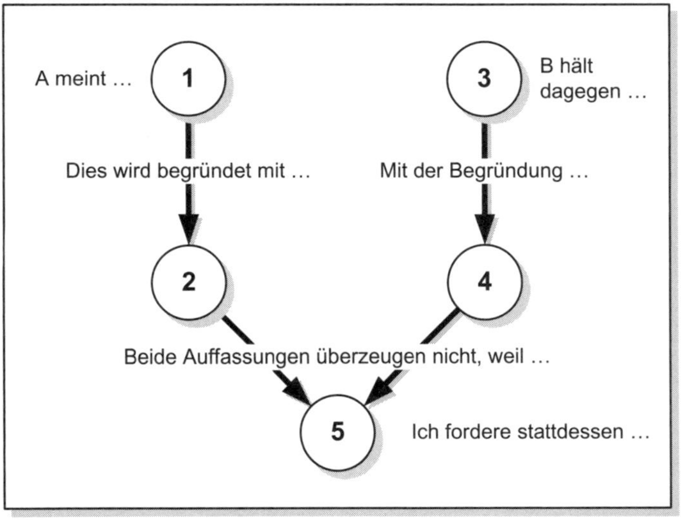

Wertender Vergleich

Der wertende Vergleich:
Gegensätzliche Positionen werden präsentiert, infrage gestellt und dann wird daraus die eigene Schlussfolgerung abgeleitet. „Viele Deutsche fahren im Urlaub gerne ‚all-inclusive' in die Türkei. Das Wetter ist prima und der Preis ist angenehm niedrig. Andere bevorzugen Camping an der deutschen Küste. Die Anreise ist einfach und es gibt keine Sprachprobleme. Sie aber wollen wir für einen Urlaub in der Bretagne begeistern. Der ist wie gemacht für Individualisten. Die Strände sind wunderschön und angenehm leer, das Essen ist fantastisch. Den sollten Sie buchen."

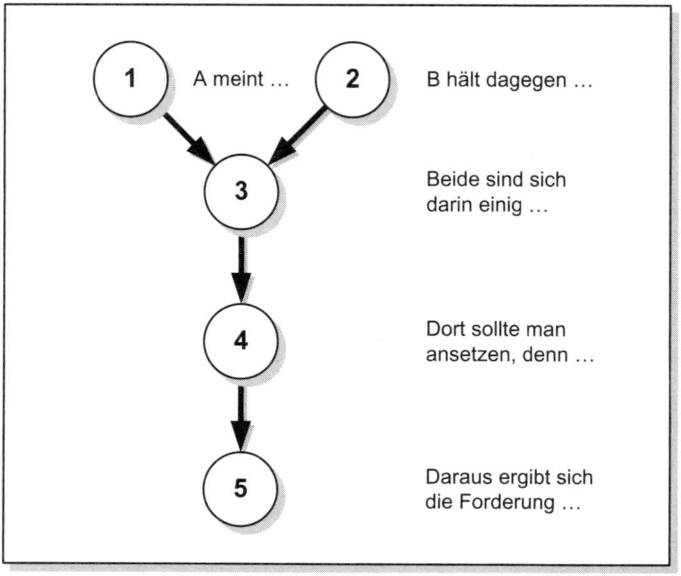

Synthetisch angelegter Kompromiss

Der synthetisch angelegte Kompromiss:
Auch bei diesem Muster werden unterschiedliche Positionen einander gegenübergestellt. Hier aber wird der Kompromiss zwischen beiden gesucht. „Die EDV plädiert für die Entwicklung einer eigenen Lösung. Das Controlling bevorzugt Outsourcing als kostengünstige Alternative. Beide sind sich darin einige, dass wir ein neues System brauchen. Dort können wir ansetzen, um einen Kompromiss zu finden: Eine unternehmenseigene Lösung, die sich aber auf die unbedingt erforderlichen Leistungsfelder beschränkt – die übrigen Funktionen werden an externe Provider vergeben."

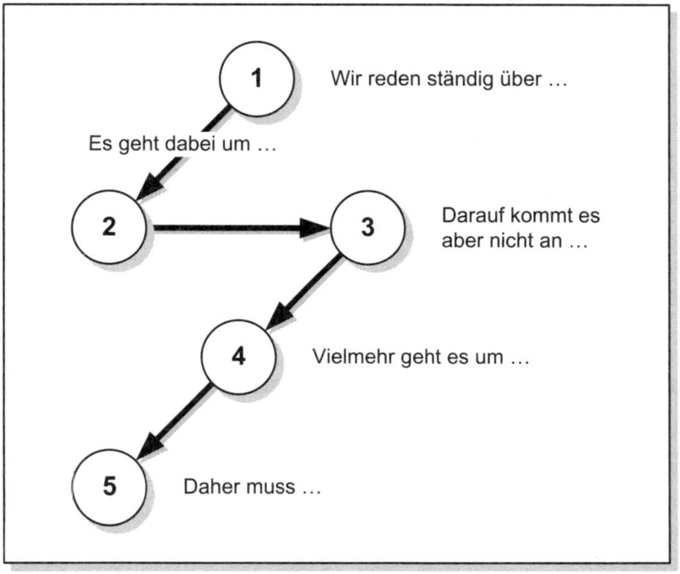

Gegenposition schaffende Ausklammerung

Die Gegenposition schaffende Ausklammerung:
Eine etablierte Position wird als nicht richtig oder nicht wichtig bewertet. Auf dieser Basis entwickeln Sie Ihre Botschaft. „Wir diskutieren seit Langem intensiv über ein neues Beurteilungssystem. Es geht dabei um das Ziel, Mitarbeiter fair zu bewerten. Bei den Beschäftigten steht das aber gar nicht im Mittelpunkt. Vielmehr geht es ihnen um eine leistungsgerechte Bezahlung. Daher sollten wir uns für ein Modell entscheiden, bei dem das zielorientierte Führen im Mittelpunkt steht."

Erklärungsmuster: Von der Meinung zum Argument

Um den logischen und folgerichtigen Aufbau Ihrer Argumentation zu gestalten, können Sie sich auch anderer Muster bedienen, je nach Thema und Ziel der Argumentation. Wir stellen Ihnen hier fünf Muster vor, mit denen Sie in wenigen Schritten von einem Problem oder einer Ausgangslage zu Ihrem argumentativen Ziel kommen.

Muster 1: Problem – traditionelle Lösung – neue Lösung

1. Problem: Wir stehen vor der Aufgabe …
2. Herkömmliche Lösung: Bisher wurde versucht …
3. Ihr Vorschlag: Ich schlage einen anderen Ansatz vor …

Muster 2: Ausgangslage – Vorgehensweise – Ergebnis

1. Ausgangslage: Unser Kunde gab uns den Auftrag
2. Vorgehensweise: Wir haben daraufhin … getan
3. Ergebnis: Auf dieser Grundlage empfehlen wir …

Muster 3: Problem – Idee – Maßnahmen

1. Problem: Unser Auftrag war …
2. Idee: Wir schlagen vor …
3. Maßnahmen: Konkret heißt das …

Muster 4: Thema – These – Antithese – Synthese – Aktion

1. Thema: Wir sprechen über …
2. These: Wir haben festgestellt, dass …
3. Antithese: Dem steht entgegen …
4. Synthese: Ein Lösungsvorschlag kann sein, dass …
5. Aktion: Die Umsetzung kann so aussehen, dass …

Muster 5: Ist – Ursachen – Soll – Lösungsweg – Aktion

1. Istzustand: Unser Problem ist …
2. Ursachen: Dafür gibt es drei Gründe …
3. Sollzustand: Unser Ziel ist …
4. Lösungsweg: Wie lässt sich das Ziel erreichen?
5. Aktion: Setzen auch Sie sich dafür ein …

Kernaussagen: Wichtiges richtig sagen

Was lesen die Piloten eines Passagierflugzeugs nach der Landung auf dem Rhein-Main-Airport, wenn sie zur endgültigen Parkposition rollen? Mit Sicherheit nicht das: „Liebe Piloten, herzlich willkommen in Frankfurt! Wir freuen uns, dass Sie sich wieder für den größten deutschen Flughafen entschieden haben. Wir werden Sie jetzt zu Ihrem Platz geleiten. Bitte folgen Sie unserem Wagen!“ Keine Frage, das würde so nicht funktionieren. Darum steht auf dem schwarz-gelb gemusterten Auto auch nur ein kurzes, aber klares „Follow me!“ – und die Piloten wissen, was sie zu tun haben. Auch die *Bild*-Zeitung muss inzwischen Werbung für sich machen und textete in ihrer Kampagne: „Wer viel zu sagen hat, macht keine langen Worte!“ Auch wenn Sie die größte deutsche Boulevardzeitung nicht lesen, sollten Sie deren Erfolgsrezept erkennen: Das Wichtigste muss prägnant formuliert sein.

Denn lange Sätze erschweren dem Zuhörer das Verständnis. Sie sind kein Zeugnis für gut überlegte Argumente. Lange und verschachtelte Sätze bringen auch den Sprecher in Schwierigkeiten, denn ganz leicht kann er den roten Faden verlieren. Das kann sogar Menschen wie Karl-Theodor zu Guttenberg passieren, der quasi über

Nacht bekannt wurde und mit einem souveränen Auftritt zu überzeugen wusste. Doch bei einer Veranstaltung im Mai 2009 in Berlin zu Markt und Moral trug es ihn faselnd aus der Kurve: „Wiewohl die Versuchung gerade in diesem Jahr relativ hoch ist, die Medaille zu werfen und sie möglichst auf eine Seite fallen zu lassen und sich dem etwas schwierigeren Unterfangen zu unterziehen, eine solche Münze auch einmal so rollen zu lassen, dass beide Seiten der Medaille erkennbar sind. Immer mit der Gefahr des Umfallens.“ Wären dies Guttenbergs erste Worte als neuer Wirtschaftsminister gewesen – man hätte ihn nicht für den Nachfolger von Michael Glos gehalten, sondern für den rhetorischen Ziehsohn von Edmund Stoiber.

Ihnen wird das nicht passieren, wenn Sie sich an einige einfache Regeln halten. Jede „gute“, verständliche Nachricht an andere hat

- eine klare Gliederung,
- kurze präzise Sätze,
- klar herausgestellte Kernbotschaften,
- Botschaften, die wiederholt werden,
- passende Bilder und Beispiele,
- eine Ansprache, die sachlich und emotional ist.

Diese Faktoren sind in vielen gut verständlichen und überzeugenden Statements, Aussagen, Diskussionsbeiträgen und anderen Stellungnahmen zu finden – eben immer dann, wenn Sie gerade überzeugen müssen. Man kann es wohl auch ohne diese Regeln schaffen, aber es ist deutlich schwerer.

Die richtigen Worte finden

Wir kennen kaum noch „Konkurrenten“, nur noch „Wettbewerber“. Die Presse schreibt von „Stars“ und meint doch schauspielernde Anfänger in ihrer ersten Rolle. Prominente haben keine unehelichen Kinder, sie begehen einen „kleinen Fehltritt“. Wir kritisieren andere nicht, sondern wir „geben Feedback“.

Die Wortwahl beeinflusst in hohem Maße Ihre Botschaft. Mit Ihren Worten können Sie streicheln oder verletzen, Sie können Dinge auf den Punkt bringen oder zudecken. Häufig werden Wörter mit zahmer neutraler Bedeutung anstatt pointierter Aussagen eingesetzt oder umgekehrt – hoher Nutzwert versus unverschämter Preis, Produktionsstörung gegen Umweltvergiftung, Trennung im gegenseitigen Einvernehmen statt Entlassung. Diese Euphemismen dürfen Sie allerdings nicht übertreiben. „Minuswachstum“ statt „Verlust“, „freisetzen“ statt „entlassen“, „deinvestieren“ statt „einen Standort schließen“ wird als unmäßig beschönigend wahrgenommen. Damit steigern Sie den Eindruck, Inhalte verschleiern oder verdecken zu wollen. Verben helfen, Aktivität und Engagement zu unterstreichen; Eigenschaftswörter geben der Darstellung Farbe und emotionalen Gehalt. „Schädliche“ oder schwierige Wörter werden vermieden. Negatives lässt sich positiv formulieren und gewinnt dadurch eine andere Bedeutung: „Am Freitag bin ich ganz für Sie da!“ statt „Ich habe nur am Freitag Zeit für Sie.“

Sie können Menschen auf Ihre Seite ziehen oder abschrecken – allein durch die geschickte Wahl der Worte! Dies ist kein Aufruf zur Manipulation durch konsequente Sprachkosmetik, weder weichgespült noch radikalisiert. Sie sollten aber sorgfältig prüfen, welche Wörter und Formulierungen Sie benutzen, Ihr Wortschatz muss reichhaltig bestückt sein. Spielen Sie auf der Klaviatur möglicher Variationen. Vieles davon ist Übung, Vorbereitung und Disziplin in der Umsetzung.

Andere Fallen lauern in der Form von Floskeln. Floskeln sind häufig gebrauchte, inhaltlich leere und umständliche Formulierungen. Floskeln haben zudem die Tendenz, sich sprachlich zu verselbständigen und immer wieder gerade an unpassenden Stellen in Ihrer Sprache aufzutauchen. Floskeln sind Formulierungen wie „Lassen Sie mich erklären ...", „Ich muss Ihnen ehrlich sagen ...", „Grundsätzlich möchte ich dazu festhalten ..." oder auch „Ich stimme Ihnen zu." Werden Sie radikal und streichen Sie Floskeln aus Ihrem Repertoire.

„Frau Müller, ich geh mal auf 17." Kennen Sie das? Im Einzelhandel und in Kaufhäusern hört man es meist dann, wenn sich ein Kollege mal auf die Toilette oder zur Zigarettenpause zurückzieht. Für Nicht-Insider sind solche Aussagen schlechterdings nicht verständlich. Nun, beim Gang aufs Klo soll es ja auch nicht jeder mitbekommen. Aber was ist, wenn Sie verstanden werden wollen? Dann ist ein AKÜFI, ein Abkürzungsfimmel, sehr hinderlich. Besonders Mitarbeiter aus größeren Unternehmen oder Spezialisten neigen zum Gebrauch von Abkürzungen („Ich kümmere mich um das PPP"). Hier ist Konsequenz gefragt. Außerhalb des engeren Umfelds müssen Sie die Abkürzungen schlicht und einfach aus Ihrem Wortschatz verbannen. In der Öffentlichkeit dürfen Sie keine Abkürzungen verwenden. Sie wollen beim Auftritt doch verstanden werden, oder?

„Meine Damen und Herren, Politik bedeutet, und davon sollte man ausgehen, das ist doch – ohne darum herumzureden – in Anbetracht der Situation, in der wir uns befinden. Ich kann meinen politischen Standpunkt in wenige Worte zusammenfassen: Erstens, das Selbstverständnis unter der Voraussetzung, zweitens, und das ist es, was wir unseren Wählern schuldig sind, drittens, die konzentrierte Beinhaltung als Kernstück eines zukunftsweisenden Parteiprogramms.“

Dieser Ausschnitt aus Loriots legendärer Nachahmung einer Bundestagsrede wurde nicht ohne Grund bekannt. Denn auch ganz normale Menschen neigen zu genau solchen Nebensätzen, Schachtelsätzen oder obskur verschlungenen Formulierungen. Damit geben Sie vielleicht einen Eindruck davon, wie Sie gerade denken. Dem Zuhörer geben Sie aber keine Klarheit. Stärker wird die Wahrnehmung, dass Sie nicht genau wissen, was Sie eigentlich sagen wollen. Das Gegenrezept heißt denn auch: kurze Sätze, klare Aussagen.

Fragen: Arten und Formen

Wer fragt, der führt – wer einmal einem Einkäufer oder kritischen Journalisten gegenübersitzen musste, kennt die Wirkung von Fragen. Aber sie sind auch hilfreich, denn Fragen bringen uns Informationen und Fragen bringen das Gespräch voran. Es müssen nur die richtigen Fragen sein.

Eine wichtige Unterscheidung ist die zwischen offenen und geschlossenen Fragen: Geschlossene Fragen sollen eine Tatsache abfragen („Wie viele Mitarbeiter beschäftigen Sie?“) oder die Entscheidung für eine Alternative forcieren („Wollen wir den Workshop im Unternehmen oder im Hotel durchführen?“). Mehrere geschlossene Fragen wirken natürlich leicht einengend auf Ihren Gesprächspartner. Das, was als Dialog gedacht war, bekommt dann schnell einen Verhörcharakter. Wollen Sie den anderen richtig ärgern, stellen Sie viele geschlossene Fragen und dann lassen Sie nicht locker.

Legen Sie allerdings mehr Wert auf ein wirkliches Gespräch und den gegenseitigen Austausch, dann verwenden Sie offene Fragen. Denn nur diese lassen aktives Antworten durch ihren Gesprächspartner zu, der dann auch diesen Namen verdient. Offene Fragen verfolgen das Ziel, den anderen ins Gespräch zu bringen, ihn zum Erzählen zu ermuntern: „Frau Bernes, nach welchen Kriterien werden Sie den Auftrag vergeben?" Antworten auf offene Fragen geben dem Gesprächspartner die Möglichkeit, seine Themen zu Gehör zu bringen.

Für den Kenner gibt es über diese einfache Unterscheidung hinaus eine Reihe von hilfreichen Varianten. Diese helfen Ihnen, die Form Ihrer Frage zielgenau zu wählen – und das Ziel Ihres fragenden Gegenübers klarer in den Blick zu bekommen:

Suggestivfragen engen den Handlungsspielraum des Gegenübers erheblich ein. Und auf der Beziehungsebene betonen sie, dass der Sprecher sich in der überlegenen oder bestimmenden Rolle sieht: „Sie stimmen mir sicher zu, dass wir den Auftrag für das Projekt erteilen sollten?"

Auch *Alternativfragen* sind eine beliebte Möglichkeit, die Auswahl des Gegenübers einzuengen. Soll ein Gesprächspartner zur Zustimmung veranlasst werden, wird oft ein günstiger und mit einem eher ungünstigen Vorschlag verbunden oder mit einer verwirrenden und schlecht zu vergleichenden Option: „Wollen Sie jetzt eine Zusatzversicherung abschließen und dafür im Monat lediglich 30 Euro investieren oder wollen Sie im Krankheitsfall wirklich alle Zusatzkosten selber bezahlen?"

Psychologisierende Fragen sprechen emotionale Aspekte an. Manipulativ eingesetzt lassen sich damit inhaltliche Diskussionen umgehen – oder andere in die Enge treiben: „Konzentrieren wir uns auf das Wesentliche: Wie stehen Sie denn gefühlsmäßig zur Arbeit mit den Beratern?"

Auch *Gegenfragen* sind sehr schön und bieten unbestreitbare Vorteile: Man vermeidet eine Antwort und blockiert den nächsten Schritt im Gespräch. Sie können diese Variante wählen, um nicht selbst in die Enge getrieben zu werden, beispielsweise wenn Ihnen die passende Antwort fehlt: „Welchen Vorschlag halten Sie denn für den besseren?" – „Ist es wirklich sinnvoll, wenn wir uns jetzt schon zu einer Entscheidung zwingen?"

Mit *Plattformfragen* ist der Fragende auf der sicheren Seite, nämlich auf der eigenen. Wie das geht? Nun, es wird eine Annahme formuliert, und auf dieser Basis soll eine Antwort angestoßen werden. Der Gesprächspartner geht in die Falle, wenn er die Unterstellung akzeptiert und dann auf dieser Basis antwortet: „Als Führungskraft akzeptieren Ihre Mitarbeiter Sie ja nicht. Können Sie wenigstens durch Fachkompetenz überzeugen?"

Definitionsfragen helfen, einen Sachverhalt genauer zu beschreiben, oder klären das unterschiedliche Verständnis einer Thematik: „Was genau verstehen Sie unter ‚Kooperation'"?

Interpretationsfragen bringen das Verständnis auf den Punkt. Sie fokussieren und ermöglichen Ihrem Partner eine Stellungnahme: „Verstehe ich Sie richtig, dass Sie für unser Produkt ausgerechnet im usbekischen Markt weitere Wachstumschancen sehen?"

Motivationsfragen sollen den anderen aufbauen. Sie betonen einen positiven Aspekt und fordern zu einem Beitrag auf: „Wie beurteilen Sie als erfahrener Projektleiter den Netzplan?“ Ironisch formuliert können Motivationsfragen auch eine subtile oder scharfe Spitze sein: „Welchen Beitrag können Sie trotz Ihres Mangels an Erfahrung leisten?“ Dann verfolgen sie den Zweck, die Position des Angesprochenen infrage zu stellen beziehungsweise die Kompetenz zu bezweifeln.

Rhetorische Fragen schließlich sind nicht wirklich Fragen an den Gesprächspartner oder an die Zuhörer. Sie sind ein rhetorisches Stilmittel, das die Gedanken lenken soll und einen Sachverhalt besonders betont: „Wer, frage ich Sie, wer hat denn Vorteile von dieser Lösung? Nun, das kann ich Ihnen genau sagen: ...!“

Ein weiteres Merkmal guter Fragen ist, dass sie an der richtigen Stelle im Gespräch platziert sind. Sie helfen Ihnen, die Antworten zu bekommen, die Sie zur Fortführung brauchen. Die richtige Frage hilft Ihnen, das Gespräch zu steuern, Sachverhalte zu klären oder Ihr Wissen beizutragen. Gute Fragen sind – genauso wie gute Antworten – kurz und präzise und sie zielen auf den Sachverhalt, um den es geht. Lange Fragen schaffen dies nicht, sie verwischen und vermischen, sie ermöglichen dem anderen, ausweichend zu antworten.

Doch auch bei kurzen Fragen fallen manche schon allein durch die Schwerkraft der Gedanken nach hinten über. So fragte der Interviewer Mark van Huisseling das Popsternchen Sarah Connor: „Sind Sie mit Linie nach Frankfurt geflogen?“ Antwort: „Nein, mit Lufthansa.“ Die Chefreporterin der Tageszeitung *Welt*, Dagmar von Taube, fragte Joschka Fischers derzeitige Ehefrau: „Sie wohnen jetzt ja auch schön mit Villa in Westberlin. Kommen denn noch manchmal ein paar Grüne zu Besuch?“ – Minu Barati-Fischer antwortete: „Der ganze Garten ist grün.“

Fragen sind dem Grunde nach die gezielte Suche nach Information, Zeichen für Interesse oder von Wissbegier. Fragen helfen Ihnen, Ihre Darstellung besser an den Interessen der Zuhörer auszurichten. Dieses Interesse wird nicht immer angemessen befriedigt, wie wir dargestellt haben. Doch freuen Sie sich über Fragen, denn wer fragt, schläft schließlich nicht. Antworten Sie präzise und knapp. Gute Antworten sind nicht länger als etwa drei Sätze, sie konzentrieren sich auf den wichtigsten Aspekt der Frage. Hüten Sie sich davor, Ihren Beitrag noch einmal in Auszügen zu wiederholen oder etwa eine langwierige Antwort zu einem völlig nebensächlichen Aspekt zu formulieren. Fragen sind eben nicht der willkommene Anlass, Ihr gesammeltes Wissen vor einem staunenden Auditorium auszubreiten – das langweilt andere und führt Sie von Ihrem Ziel weg, zu überzeugen.

Schwierige Frageformen

Es gibt aber darüber hinaus auch Fragen, die es einem schwieriger machen, damit erfolgreich umzugehen. Bei drei Fragearten müssen Sie mit erhöhter Wachsamkeit reagieren, nämlich Fragen, die man Ihnen stellt als Zweifel, als Einwand oder ganz einfach, um Sie auszuhebeln.

Fragen aus einem Zweifel heraus gestellt formulieren einen Mangel an Überzeugung oder Vertrauen: „Welche Erfahrungen haben Sie mit dieser Methode gemacht?" – „Können Sie Ihre Behauptung beweisen?" Der Fragesteller verlangt einen Beleg. Zweifel räumen Sie nur durch Beweise aus. Durch Demonstrationen, Referenzen, Fachartikel, Forschungsberichte, Bilder oder Zeugen. Den Beweis sollten Sie sprachlich vorbereiten – das lenkt die Aufmerksamkeit und inszeniert Ihre Beweisführung: „Sie werden gleich erfahren, wie leistungsfähig unser Produkt …“ oder „Wir waren anfangs selber skeptisch. Doch wir haben eine Reihe wissenschaftlicher Tests durchgeführt. Die Ergebnisse belegen, dass …“

Eine andere Form von Fragen formuliert einen Einwand. Einwände können auf einem Missverständnis beruhen oder auf einem Problem in Ihrer Darstellung. Einwände werden aus den unterschiedlichsten Motiven formuliert: aus einem Bedürfnis nach Sicherheit beziehungsweise einer Abneigung Veränderungen gegenüber („Ich bin doch gut zufrieden mit dem, was ich gegenwärtig nutze“ – „Ich habe Angst, die falsche Entscheidung zu treffen“), aus einem Bedürfnis nach Anerkennung („Ich verstehe auch etwas von der Materie!“) oder aus finanziellen Motiven („Wenn ich das Produkt schlechtrede, wird er mir einen günstigeren Preis machen müssen“ – „Ich brauche noch ein paar Änderungen, die will ich umsonst. Ich meckere also erst einmal an dem Angebot herum!“ – „Ich muss schließlich meinem Chef beweisen, dass ich hart verhandeln kann“). Einwände sind Zeichen dafür, dass Sie mit Ihrem Gesprächspartner noch keinen Rapport auf der Beziehungsebene haben. Sie begegnen Einwänden am besten mit folgender Technik:

Bestätigen Sie das Bedürfnis Ihres Gesprächspartners: „Sie haben recht. Das Projekt ist sehr komplex.“ Dann adressieren Sie den Nutzen für Ihren Partner: „Sie suchen deswegen einen Anbieter, der über Erfahrung mit solchen Projekten verfügt. Genau das ist bei uns der Fall!“ Und Sie kehren zu Ihrer Argumentation zurück: „Wir schlagen Ihnen darum folgendes Design vor: Wir sollten …“

Lassen Sie Ihren Gesprächspartner ausreden, unterbrechen Sie ihn nicht. Ihr erster Reflex bei Einwänden wird vielleicht sein, dem anderen zu widersprechen. Besonders dann, wenn Sie im Recht sind („rein sachlich“ gesehen), ist die Versuchung groß. Widerspruch führt in den meisten Fällen aber zu einer Verhärtung der Fronten und ist daher nicht sinnvoll.

Wenn Sie den Äußerungen Ihres Gesprächspartners bedingt zustimmen, können Sie direkten Widerspruch vermeiden. Stimmen Sie einem Teil der Aussage zu und formulieren Sie daran anschließend Ihr Argument: „So gesehen haben Sie vollkommen recht. Wenn wir es aus der Perspektive des Benutzers betrachten ...“ – „In diesem Punkt bin ich Ihrer Meinung. Es sind jedoch weitere Aspekte von Belang ...“ Der Standpunkt Ihres Partners wird häufig berechtigt sein, sie können ihn aber ergänzen oder verändern. Statt zu widersprechen, können Sie einen Einwand auch als Frage behandeln und diese dann beantworten: „Sie stellen die Frage nach dem Nutzen von ...“ – „Die Frage nach ... stellt sich in der Tat. Sie können damit ...“

Jeder Einwand birgt in sich die Gefahr, dass Sie sich an den negativen Aspekten „abarbeiten“. Dadurch bekommt der Einwand unter Umständen ein sehr hohes Gewicht – und das zulasten positiver Aspekte.

Negative Fragen

Manche Fragen aber sollen Sie stören, in Verlegenheit bringen oder in die Enge treiben. Wenn Sie sich bei solchen Fragen auf das vorgegebene Muster einlassen, gestellte Fragen auch immer brav zu beantworten, dann bekommen Sie garantiert Schwierigkeiten. Mit negativen Fragen können Sie anders und geschickter umgehen:

Begrenzen oder erweitern: „Diese Frage berührt viele Aspekte. Ich konzentriere mich auf den wichtigsten, nämlich …“ oder „Ihre Frage erfasst nicht den ganzen Sachverhalt. Wichtig ist außerdem noch …“

Präzisieren: „Exakter formuliert lautet die Frage …“ oder überhöhen: „Hinter dem Thema Ihrer Frage steckt ein noch wichtigerer Sachverhalt. Dieser bedeutet …“

Interpretieren: „Im Wesentlichen geht es Ihnen doch um folgenden Aspekt, der …“

Konkretisieren oder theoretisieren: Ein gutes Beispiel ist immer hilfreich, weil es konkret ist. Im Gegensatz dazu nützt der Verweis auf Regeln, Expertenmeinungen oder auch schlicht auf eine Aussage des obersten Chefs, warum eine bestimmte Sache so ist, wie sie ist.

Neu adressieren: „Zu dieser Frage interessiert mich die Meinung des Publikums/des zuständigen Abteilungsleiters …“

Sie können auch die Absichten des Fragestellers aufdecken: „Mit Ihrer Frage wollen Sie erreichen, dass …“ oder aber die Kompetenz des Fragestellers in Zweifel ziehen: „Als Leiter der Abteilung Logistik muss Ihnen doch bekannt sein, dass …“

Antworten, die mit dem Namen des Angesprochenen eingeleitet werden, sichern Ihnen erhöhte Aufmerksamkeit – beim Fragesteller und im Publikum. Wenn Ihnen aggressive oder kritische Fragen gestellt werden, ist dies auch immer ein deutliches Signal für Ihr Selbstbewusstsein.

Vermeiden Sie, Ihre Fragen floskelhaft mit einem „Danke für Ihre Frage“ – „Das ist eine interessante Frage …“ (oder mit einer ähnlichen Formulierung) einzuleiten. Natürlich gewinnen Sie dadurch Spielraum, um sich die richtige Antwort zu überlegen. Die Gefahr, dass diese

Technik zu einer störenden oder lächerlichen Gewohnheit wird, ist allerdings sehr groß. Und eine solche Marotte stärkt nicht gerade Ihren Auftritt.

Eristik und Kontern

Von Ihrem Gesprächspartner werden Sie unaufhörlich unterbrochen. Oder der Chef nimmt während des Gesprächs mit Ihnen ständig Unterlagen zur Hand und blättert diese durch. Oder der Verhandlungspartner nennt die Bedingungen seines Unternehmens und sagt dann kategorisch: „Diese Bedingungen akzeptieren Sie ohne Abstriche oder wir kommen nicht zusammen!“ Oder der Vortragende antwortet auf eine Frage: „Also das ist doch wohl ziemlicher Blödsinn, was Sie da sagen!“

Dies sind Beispiele für eine besondere Spielart der Rhetorik, und man nennt sie „Eristik“. Die Eristik zielt darauf ab, zu gewinnen, und der Eristiker sucht den Erfolg in der Situation. Die Eristik besteht aus Techniken für kurze und effektive, auch aggressive Statements oder Verhaltensweisen. Eine wichtige Rolle spielt dabei die Überraschung, möglich ist auch der gezielte Verstoß gegen Regeln der Kommunikation und Zusammenarbeit. Eristische Techniken haben dadurch eine aggressive Komponente, und die Eskalation der Auseinandersetzung ist sogar ein wichtiges Element. Der Eristiker definiert sich über seine Unabhängigkeit von Anpassung, Regeln, etablierten Kategorien oder Höflichkeit.

„Verwirre deinen Gegner und rede ihn in Grund und Boden!“, rät schon Arthur Schopenhauer in seiner Abhandlung *Eristische Dialektik*. Der Philosoph räumt dabei ein: „… wären wir von Grund auf ehrlich, so würden wir bei jeder Debatte bloß darauf ausgehen, die Wahrheit zutage zu fördern". Doch er gesteht zu: „Zur angeborenen Eitelkeit gesellt sich bei den meisten Geschwätzigkeit und angeborene Unredlichkeit." Schopenhauer hat ein System rednerischer Winkelzüge aufgestellt, das man kennen sollte. Hier eine kleine Auswahl:

„Überspitze ein gegen dich vorgebrachtes Argument!" Schlagen Sie radikale Maßnahmen vor, die einen moderaten Vorschlag dadurch ad absurdum führen, dass sie über eine plausible Grenze hinausführen.

„Unterbreche und verwirre den Kontrahenten!" Sie erreichen dadurch, Ihren Gesprächspartner zu verunsichern, auch kann er seine Argumentation nicht zu Ende führen. Oder konzentrieren Sie sich auf einen vollkommen unwichtigen Aspekt der Begründung und lenken Sie so das Gespräch vom eigentlichen Thema fort.

„Konstruiere einen Widerspruch zwischen der Behauptung des Gegners und seinem persönlichen Lebensstil!" Ist man noch glaubwürdig in seinem Eintreten für den Umweltschutz, wenn man privat ein Auto fährt? Darf ich noch über Moral und Ehrenhaftigkeit reden, wenn ich einen anderen Menschen zu Tode gebracht habe? Glaubt man mir ein ehrliches Engagement für benachteiligte Gruppen der Gesellschaft, wenn ich einen luxuriösen Lebensstil pflege?

„Verkleide unangenehme Tatsachen mit harmlosen Begriffen!" Geschickte Wortwahl lässt einen unangenehmen Sachverhalt gleich viel positiver erscheinen. Eine „konstruktive Diskussion" ist deutlich besser als ein „Streit" und „sich von einem Mitarbeiter zu trennen" ist besser als eine „Entlassung".

„Entkräfte Gegenbeweise durch Spitzfindigkeit!" Stützende Beispiele oder Referenzen kann ich als Einzelfall hinstellen, die positiven Ergebnisse einer Kundenbefragung als gekauft oder Sie suchen – und finden – einen Sonderfall, für den die angebotene Lösung nicht zutrifft.

Zu den eristischen Techniken gehört es weiterhin, Termine zu missachten (also gezielt zu früh oder zu spät zu kommen) oder Regeln ausdrücklich zu verletzen, den „Partner“ zeitlich oder inhaltlich unter Druck zu setzen, durch ungeordnete Fragen den anderen zu verwirren und keineswegs selber immer auf gestellte Fragen zu antworten.

Auch unfaire Angriffe oder bissige Zwischenrufe gehören ebenso zum Repertoire wie die beliebten Killerphrasen: „Die nötigen Mittel bekommen wir nie!“ – „Das klappt sowieso nicht. Das haben wir schon versucht!“ – „Das machen wir hier immer so!“ Killerphrasen sind hervorragend! Sie unterbrechen das Gespräch abrupt, sie verhindern die vertiefende Beschäftigung mit dem Vorschlag oder mit dem Argument. Killerphrasen qualifizieren den anderen ab – und sie zeigen, dass Sie es gar nicht nötig haben, sich mit der Materie oder mit den Argumenten des anderen zu beschäftigen.

Riskante Ratschläge: Trainer ohne Praxis

Und wie sollten Sie damit umgehen? Fragt man die üblichen Verdächtigen unter den Trainern, dann raten sehr viele dazu, schnell und schlagfertig zu kontern. Koste es, was es wolle. Das führt dann zu spannenden Dialogen. Angriff: „Sie haben ja nicht einmal einen Hochschulabschluss!“ Empfohlene Antwort: „Stimmt! Genau! Sie haben es erfasst!“ Oder der Personalchef: „Ich hätte schon erwartet, dass Sie besser angezogen zum Bewerbungsgespräch kommen!" Empfehlung: „Wissen Sie, das ist wie bei einer Bohrmaschine mit Blattgold. Die bohrt deswegen noch nicht besser!" Manchmal lautet die Empfehlung auch nur, schnell zu antworten, dafür dann auch gerne Nonsens. „Sind Sie überhaupt für den Beruf geeignet?" – „Ja, als Zigarettenanzünder!"

Solche und andere Empfehlungen kennt man von zahlreichen Trainern und Trainerinnen, aus vielen Seminaren, Büchern und leider auch aus unkritischen Zeitungsartikeln zum Thema. Es ist ja auch einfach, solche Tipps zu geben, diese Trainer müssen die Folgen ihrer Ratschläge nicht ausbaden. Die Abmahnung, die Kündigung oder einfach die Bewerbungsunterlagen zurück – das bekommen dann ja die scheinbar schlagfertig trainierten Teilnehmer. Die haben zwar immer noch kein Gespür für situativ richtiges Antworten entwickelt – dafür haben sie aber eine scheinbare Universalwaffe in die Hand bekommen, die aber auch prompt nach hinten losgehen kann.

Denn allzu oft kann das regelrecht gefährlich werden. Es reicht nicht, einfach irgendwas zu reden, und sei es Unsinn. So empfehlen Profi-Schlagfertigkeitstrainer sogar Schülern, sich in kritischen Situationen immer schnell zu wehren, egal wie. Wird man mit den Worten „Du stinkst!" gehänselt, dann soll es eine gute Antwort sein, wenn unser Schüler mit den Worten „Gute Nase, Mann!" kontert, und wenn ihm gar nichts einfällt, dann soll er wenigstens den „Stinkefinger" zeigen. Sicher ein Superratschlag – besonders dann, wenn Kevin oder Murat, die ihn runtermachen, größer und stärker sind oder einfach in der Überzahl sind gemeinsam mit ihren Kumpeln. Die schlagfertige Antwort wird die Gangmitglieder sicher beeindrucken und zum Verstummen bringen. Oder das Opfer ins Krankenhaus.

Schlagfertigkeit: Die Trottel-Tipps der Trainer

Zum Hochrisikorepertoire dieser Schlagfertigkeit, die nur Sie selbst verletzt, gehören weiter verschiedene Möglichkeiten, mit verbalen Attacken umzugehen. Auch wenn Sie viele davon kennen oder schon selbst in einem Training erlebt haben: Funktionieren diese wirklich ohne Schaden für Sie? Wir finden: Nein. Unsere Top Drei der riskanten Ratschläge bestehen aus:

Trottel-Tipp Nummer eins: Bitten Sie um eine *Wiederholung* des Gesagten. Warum ist das dämlich und riskant? Weil spätestens jetzt alle Zuhörer die Bemerkung gegen Sie gehört haben. Zudem wissen wir aus der Psychologie, dass wiederholte Botschaften für den Zuhörer einen höheren Gehalt an Wahrheit bekommen.

Auch die angeblich wirkungsvolle Gegenfrage: „Was genau meinen Sie mit …“ oder „Wie definieren Sie …“ ist in Wahrheit extrem gefährlich. Wir haben auf unserem Berufsweg in Meetings oft genug miterlebt, zu was das führt. In einem Fall wurde ein Kollege, nennen wir ihn Müller, von seinem größten Widersacher frontal provoziert: „Ihr Vorschlag zur Projektfinanzierung wird doch ein Rohkrepierer.“ Seine Gegenfrage „Was genau meinen Sie mit Rohrkrepierer“ war geradezu selbstmörderisch. Denn Müller erhielt umgehend die passende Antwort des Kollegen mit Alpha-Anspruch: „Na, so wie Ihr Konzept zur Italien-Partnerschaft im letzten Frühjahr – haben Sie den Flop schon wieder vergessen, Herr Müller?“

Durch den zweiten Vorwurf und die Nennung seines Namens war Müller direkt herausgefordert. Und verdattert: Statt eines von ihm scheinbar gekonterten Vorwurfs hatte er plötzlich zwei Mühlsteine am Hals. Was hätte er sagen sollen? Etwa „Nein, es war ganz anders damals“?

Keine gute Idee, in der Vergangenheit zu wühlen. Der andere hatte garantiert noch weitere Fälle präpariert. Sich entschuldigen? Qui s'excuse, s'accuse, heißt es in Frankreich – wer sich entschuldigt, klagt sich an. Er schwieg, denn er konnte sich sowieso nicht rühren mit beiden Füßen im Schnellbinderzement. Müller hatte vergessen, dass es Menschen gibt, die eine Einladung zu einem zweiten kraftvollen Schlag in die Weichteile bei anderen nur zu gerne annehmen. Sich richtig vorzubereiten hätte für Müller ein völlig anderes Training erfordert, und vor allem Trainer mit mehr Erfahrung in solchen Situationen. Dann hätte Müller den Vorwurf ausgebremst und einen inhaltlichen Kontrapunkt gesetzt – dazu gibt es doch rhetorische Argumentationen seit 2 000 Jahren. Schließlich hat die Rhetorik ihren Ursprung in der Polis des alten Athen, in der Klärung von Strittigem, wenn Bürger sich selbst und mit Worten verteidigen mussten. Müllers Verteidigung war keine. So wurde sein Entwurf abgelehnt, und seine Karriere hat sich davon nicht mehr so richtig erholt. Unser Rat an Sie lautet daher: Geben Sie niemals anderen durch Ihre Nachfrage die Einladung zum Nachtreten.

Trottel-Tipp Nummer zwei: Markanten Glaubenssätzen oder Killerphrasen sollen Sie alternativ *falsche Wissenssätze* gegenüberstellen. Beispiel: „Genau! Und die Titanic ist unsinkbar!" Ob Sie sich selber dadurch in ein besseres Licht rücken? Wohl eher nicht. Denn es gibt eine Art von Bemerkungen, die macht man nur zweimal – das erste und das letzte Mal. Man zieht nämlich schnell Ihr Urteilsvermögen in Zweifel, ob Sie vielleicht nicht ganz den Ernst einer Situation erkennen. Ganz zu schweigen von dem Risiko der hierarchischen Konfrontation: Glauben Sie wirklich, dass Sie solche Antworten ungestraft geben können an eine Person, die in der Organisation über Ihnen steht?

Vorgesetzte, ob Mann oder Frau, werden sich das nicht bieten lassen. Fast ebenso fatal ist es, einem unterstellten Mitarbeiter vor anderen derart in die Beine zu grätschen. Sie verlieren in diesem Moment mehr an Souveränität, als Sie jemals durch solche Antworten gewinnen können.

Trottel-Tipp Nummer drei: die Technik des *Leerlaufenlassens* eines Zwischenrufs durch unerwartete Zustimmung. So wird empfohlen: „Ärzte sind doch nur Spielball von Pharmalobby und Gesundheitspolitikern!" „Stimmt! *Kunstpause* Das glauben viele schlecht Informierte." Wird diese Verstärkung des Gesagten, verbunden mit einem persönlichen Angriff, wirklich zum Erfolg führen? Das ist wohl eher selten der Fall. Sie riskieren, dass die Gegenseite jetzt die Waffenkammer öffnet und größere Kaliber herausholt. Wer einen Treffer bei Ihnen landen will, bereitet sich entsprechend gut vor und lässt sich nicht durch Ihr legeres „Stimmt!" zum Kuschen bringen. Fast noch komischer ist der angeblich universelle Konter: „Das haben Sie gut beobachtet." Kryptisch, nichtssagend und deshalb fast immer passend. Wirklich? Würden Sie das sagen, wenn man Sie mit der Frage konfrontiert: „Kann es sein, dass Sie das Angebot noch nicht abgeschickt haben?" – „Das haben Sie gut beobachtet!" Wer so antwortet, darf sich nicht wundern, wenn er als Nächstes hört: „Ach übrigens, übermorgen früh sollen Sie bitte in den Sitzungsraum drei zum Personalgespräch kommen." Oder in Situationen, die den Gefragten schon durch die angeblich harmlose Frage in eine bestimmte Ecke stellen: „Sagen Sie mal, als ich gestern aus dem Termin mit der Krankenkasse in der Hauptstraße rauskam, sah ich Sie da nicht nebenan aus dem Sexshop kommen?" Ob es die Wahrheit ist, ein Irrtum oder nur ein schlechter Scherz – würden Sie dann wirklich sagen: „Das haben Sie gut beobachtet"?

Von solchen Tipps kursieren leider jede Menge. Sie finden diese Ratschläge zuhauf in einschlägigen Büchern oder auch in Artikeln mit Titeln wie „Raus aus der Deckung!" oder „Gekonnt kontern!". Doch: Grau, treuer Freund, ist alle Theorie, und grün des Lebens goldner Baum. Wenn Sie sich in solchen Situationen tatsächlich auf ein verbales Duell einlassen, dann wird das in der Regel dazu führen, dass auch Ihr Stressniveau deutlich steigt. Und ich selber wirke natürlich kein bisschen souveräner als der Angreifer, wenn ich an der verbalen Schlammschlacht teilnehme. Auch führt es leicht dazu, dass Sie sich Feinde fürs Leben machen – und das muss nicht der Angreifer sein, auch andere Zuhörer können Sie aufgrund Ihres aggressiven Verhaltens ablehnen. Besser ist es, wenn Sie sicher und souverän bleiben, den Angriff mehr als Frage nehmen und zu den bewährten Techniken in unserer Zusammenstellung greifen, mit denen Sie auf schwierige Fragen antworten können. Und gut vorbereitet wird Ihnen das auch gut gelingen.

Manipulation: Der Macht-Code

Manipulation findet auf vielen Ebenen statt. Zunächst einmal ist Manipulation das Aussenden von Signalen, die auf bestimmte Wahrnehmung und Reaktionen beim Empfänger zielen. Beispiele dafür sind Höflichkeit oder Komplimente, andere beim Spiel gewinnen zu lassen, aber auch ein kurzer Rock oder ein Anzug statt einer alten Jeans mit T-Shirt. In diesem Sinne manipulieren wir alle ständig. Manche von uns sind dabei mehr, andere weniger erfolgreich. Manipulation erleben wir ständig in der Werbung. Wir manipulieren uns auch selber, indem wir Vorurteile oder Symbole anwenden. So generalisieren wir zum Beispiel einzelne Merkmale „Dicke sind gemütlich!“ – „Leistungssportler sind auch im Beruf ehrgeizig und erfolgreich!“ zu Glaubenssätzen, die dann unsere kritische Wahrnehmung unterdrücken. Oder bestimmte auch evolutionär geprägte Muster werden kritiklos angewendet und so tragen wir zu unserer Täuschung bei: Einem Sprecher mit voller tiefer Stimme attestieren wir gerne Ausgewogenheit und Selbstsicherheit, größeren und attraktiveren Menschen wird auch mehr Kompetenz attestiert.

Manipulation mit Werten und Regeln

„Einsame Entscheidungen ohne Abstimmung mit allen Beteiligten gibt es bei uns nicht!“ – „Der Vorstand hat entschieden – und dabei bleibt es ein für alle Mal!“ – „Abteilungsbesprechungen finden bei uns immer dienstags statt!“ – „Erst die Arbeit, dann das Vergnügen!“

Werte sind Tendenzen, bestimmte Zustände vorzuziehen. Werte reflektieren unsere Moral. Sie sind Glaubenssätze, die sich auf umfassende Aspekte unseres Umfelds beziehen: Nation, Kultur, Arbeitsmoral, Familie oder Umwelt. Werte beschreiben, wie „man“ sich verhalten soll. Werte gehören zu den ersten Inhalten, die Kinder lernen – sie sind die Grundlage für die vielen Regeln unseres Zusammenlebens: Du darfst – du sollst – du darfst nicht! Viele dieser Werte übernehmen wir und wenden sie an, ohne uns der zugrunde liegenden Haltungen bewusst zu sein.

Auch Unternehmen haben eine Kultur und verfügen über eine Reihe – oft nicht formulierter – Regeln. Diese Werte werden gerne herangezogen, um adäquates und unerwünschtes Verhalten zu definieren. Sei es als unausgesprochene Voraussetzung des Handelns und der Bewertung, sei es in entsprechender Form wie Betriebsordnung, Leitbild oder als Corporate Image.

Der Manipulation durch – falsche oder vorgebliche – Werte können Sie nur entgehen, indem Sie sich zum einen Ihre Werte bewusst machen: mit Fragen wie „Was wollen Sie tun?“, „Wie wollen Sie es tun?“, „Fühlen Sie sich „gut“ dabei?“ und indem Sie die Werte anderer und des Unternehmens deutlich herausarbeiten. Stellen Sie Regeln immer dann infrage, wenn sie erfolgreicher Arbeit im Wege stehen.

Akzeptieren Sie keine unreflektiert übernommenen Werte, sprechen Sie diese aus und fragen Sie: „Warum ist das so? – „Hilft es uns, erfolgreich zu sein?“ oder „Nützen diese Werte nur meinem Partner?“ Reklamieren Sie in jedem Fall die Gültigkeit solcher Werte für alle Beteiligten, nicht nur für Chefs oder Mitarbeiter der EDV oder vielleicht den Betriebsrat. Nur dann haben Sie eine Chance, der Manipulation zu entgehen.

Manipulation mit Suggestion und Imponieren

„Jeder weiß doch, dass Politiker nie die Wahrheit sagen.“ – „Die Erde ist eine Scheibe. Sonst würden wir herunterfallen.“ – „BSE-Fälle können in Deutschland nicht vorkommen. Die Regierung hat alles Notwendige getan.“ – „Wir garantieren, dass niemand schlechter gestellt wird! Dafür stehe ich persönlich ein.“

Als Suggestion bezeichnet man die Darstellung einer Meinung so, dass sie begründet wirkt, obwohl dies nur scheinbar der Fall ist. Meinungen oder Überzeugungen werden als Tatsachen ausgegeben. Als „Beleg“ wird die eigene Person in die Waagschale geworfen, werden Allgemeinplätze oder Sprüche zur Begründung herangezogen oder nur vage Andeutungen gemacht.

Beliebte Techniken der Suggestion sind die scheinbare Plausibilität („Jeder weiß doch ...“), die moralische Argumentation („Wir wollen nur Ihr Bestes“), scheinbare Kausalität oder logische Zirkelschlüsse („Die Impfung ist nutzlos. Ich lasse mich auch nicht impfen, und ich habe noch nie Grippe bekommen“). Beliebt sind auch Beispiele (die sich so aber nicht übertragen lassen) oder das Zitieren von Autoritäten (am liebsten zu Bereichen, auf die sich Ihre fachliche Kompetenz ganz sicher nicht erstreckt). Was kann uns schließlich Franz Beckenbauer Qualifiziertes zur Wahl des richtigen Mobilfunkbetreibers mitteilen?

Sprachliches Imponieren besteht in der Benutzung von Fremdwörtern, Zitaten oder schlichtem „name dropping“. Vor allem besteht Imponiergehabe aus einem Sprachcode, der selbst die englischen Dechiffrierexperten aus Bletchley Park im Zweiten Weltkrieg überfordert hätte – und die knackten bekanntlich sogar die Chiffriermaschine Enigma und lasen die Nachrichten aus dem Führerhauptquartier. Doch was reden wir, versuchen Sie doch selbst an diesem Beispiel, es zu lesen und zu verstehen: „Diversity kann – aus meiner Sicht der Transzendentalpragmatik – verstanden werden als plurale und entscheidungsoffene Diskursgemeinschaft, in der der Einzelne zugleich sich bestimmt und dialektisch-reflexiv vollzieht: sowohl als Dialogsubjekt, bestimmt als sein Miteinander-Gegeneinander mit anderen personalen Intersubjekten, wie auch als Autonomiesubjekt, bestimmt als das um sich als Subjekt des

Handelns, Wollens, Fühlens, Denkens wissende, personale Subjekt. Diversity als Mannigfaltigkeit von Lebenspraxen kommt damit produktiv zur Geltung, wenn sich die in ihren Mannigfaltigkeiten vollziehenden Individuen und Gemeinschaften ihres Miteinander-Gegeneinanders geltungslogisch und moralisch sicher sind und wenn sie denn Diversity als Individualitäten und Vielheiten, also als Autonomie und Dialogizität mit anderen leben und teilen wollen.“

So weit Professor Holger Burckhart, vormals Studiendekan der Erziehungswissenschaften an der Universität zu Köln, laut *Zeit* zur Erläuterung, worum es denn bei „Diversity“ gehe. Die Reaktionen hielten sich in Grenzen. Nun gibt es drei Möglichkeiten: Entweder verstehen an der Uni Köln alle, was gemeint ist. Das bezweifeln wir stark – die Uni Köln ist gut, aber nicht so gut. Oder keiner traut sich zu fragen – das könnte sein, vor allem wenn die Geisteswissenschaften mal wieder Lacancan und Derridada tanzen und auf jeden mit dem Finger zeigen, der nicht konfus mitschwafelt. Die dritte Möglichkeit ist schließlich, dass es die Betreffenden einen feuchten Dreck interessiert, worum es da geht. Davon sind wir am ehesten überzeugt. Doch wenigstens lässt die Alma Mater auch ihre sprachlich missgebildeten Kinder nicht verkommen: Burckhart ist inzwischen Prorektor der Uni Köln.

Ist das nur die Unfähigkeit oder Unwilligkeit des Wissenschaftlers, sich verständlich auszudrücken? Oder schwingt da vielleicht auch ein wenig Stolz darauf mit, dass uns Normalsterblichen hier jemand intellektuell sehr weit entschwebt ist? Wie ist es mit dem Kollegen, der gerne lateinische oder besser noch altgriechische Zitate anführt – in der Originalsprache natürlich? Tut er das nur aus Liebe zur Klassik?

Manche Mitmenschen versuchen, Ihnen durch Wissen oder Bildung zu imponieren. Lassen Sie sich nicht ins Bockshorn jagen. Natürlich darf man erwarten, dass Sie grundsätzlich über Ihr Thema Bescheid wissen und auch gut über aktuelle Entwicklungen informiert sind. Aber: Bei der Menge an Informationen und Publikationen kann niemand alles kennen. Gestehen Sie sich den Mut zur Lücke zu. Niemand kann Sie „fertigmachen“, wenn Sie zu Ihrem Nichtwissen stehen. Hinterfragen Sie Behauptungen, lassen Sie sich Zitate belegen, Publikationen mit Quelle benennen oder gleich zur Verfügung stellen.

Manipulation mit Zahlen, Daten, Fakten

„90 Prozent unserer Kunden sind mit unserem Service zufrieden.“ – „Die Untersuchung belegt, dass unsere Methode eine 30-prozentige Ertragssteigerung garantiert.“ – „Es ist uns gelungen, die Fehlerquote auf unter ein Prozent zu drücken.“

Diese Erfolge machen Sie neidisch? Schauen Sie etwas genauer hin: Wie viele Kunden stehen hinter „90 Prozent“? – Mit welcher Technik wurde die Untersuchung durchgeführt? – Wie viel Ausschuss steht quantitativ hinter „einem Prozent“? Oder ist gar die Prüfmethode „aufgeweicht“ worden? Ist die Methode der Auswertung bei dem erhobenen Datenmaterial überhaupt zulässig? Die gleiche Skepsis ist bei bildhaften Darstellungen auf den allseits so beliebten Folien angebracht. Eine Steigerung des Index von 5 000 auf 5 600 sieht sehr beeindruckend aus, wenn ich die Grundlinie bei 5 000 ansetze. Aber sie ist recht bescheiden, wenn die Grundlinie bei null beginnt. Zahlen sind oft Schall und Rauch und mit Statistiken, Untersuchungen,

Zertifikaten lässt sich beinahe jede Veränderung belegen. Beweise dafür finden Sie bei genügend intensiver Suche für viele Thesen – oder eben auch dagegen.

Vorsicht also bei scheinbar so objektiven Zahlen, Daten, Fakten – stellen Sie kritische Fragen und schalten Sie Ihr Gehirn nicht aus, sobald Sie mit schlüssigen Zahlen konfrontiert werden. Gestatten Sie sich eine gesunde Skepsis – und trauen Sie sich, diese gegebenenfalls auch vor anderen zu formulieren. Der aufmerksame Teilnehmer lässt sich nicht durch – scheinbar – erdrückende Zahlenbelege einlullen. Stellen Sie Ihre Fragen und beharren Sie auf einer Antwort.

Zahlen belegen durch ihr Vorhandensein nicht jede gewünschte Aussage oder Schlussfolgerung. So ist der – deskriptiv-statistisch nachweisbare – Zusammenhang zwischen dem Rückgang der Storchenpopulation und dem Sinken der Geburtenquote eben kein Beweis dafür, dass der Storch die Kinder bringt.

Manche Zeitgenossen neigen auch dazu, falsche Informationen zu verbreiten, entweder aus eigener grenzenloser Naivität oder ganz bewusst und egoistisch. Wichtige Informationen sollten Sie deshalb immer hinterfragen und gegebenenfalls überprüfen. Besondere Vorsicht ist immer bei nicht genannten Tippgebern, „diskreten" Quellen oder noch nicht publizierten Informationen geboten. Hier muss Ihr Vertrauen in den Partner schon groß sein. Ansonsten hinterfragen Sie die Quelle und opponieren gegen eine Fundierung wichtiger Aussagen oder gar Entscheidungen durch obskure Daten. Falsche Informationen erkennen Sie auch häufig an mangelnder Konkretheit, insbesondere in Bezug auf die Begleitumstände („Wer waren die Mitautoren?" – „In welcher Ausgabe ist der Artikel erschienen?" – „Wann haben Sie davon erfahren?").

Fragen Sie den Fachmann!

Ist ein Thema komplex, werden gerne Experten zurate gezogen. So treffen wir in den Medien immer wieder auf Fachleute für bestimmte Themen – sei es die Börse oder die Gesundheitspolitik. Und vor allem treffen wir meist auf dieselben Experten. Das hat natürlich mit der Bekanntheit der fraglichen Fachleute zu tun, vor allem aber auch mit einem gewissen Talent dafür, dass sie Probleme in wenigen Sätzen erklären und lösen können.

Doch auch die Aussagen von Experten und Kapazitäten sind nicht immer wahr – denn auch Fachleute können irren. Und sie irren besonders dann, wenn es sich um Grenzgebiete ihrer Expertise handelt oder um besonders fest etablierte Glaubenssätze, die niemand mehr hinterfragt. Und Irrtümern ist auch dann Tür und Tor geöffnet, wenn es sich um die Projektion vergangener Entwicklungen in die Zukunft handelt, um Vorhersagen also.

Wie wenig haltbar solche im Brustton der fachlichen Überzeugung vorgetragenen Meinungen sind, sehen Sie an der folgenden kleinen Aufstellung von Expertenurteilen aus den letzten 100 Jahren. Wir sind durch den Lauf der Geschichte in der komfortablen Position, inzwischen besser zu wissen, was dann tatsächlich geschah:

„Maschinen, die schwerer sind als Luft, können unmöglich fliegen“ (Lord Kelvin, schottischer Mathematiker und Physiker 1895). – „Die Aktienkurse haben so etwas wie ein dauerhaftes, konstant hohes Niveau erreicht“ (Irving Fisher, berühmter US-Ökonomieprofessor, einen Tag vor dem Börsencrash am „Schwarzen Freitag“, 1929). – „Ich denke, dass es einen Weltmarkt für vielleicht fünf Computer gibt“ (Thomas Watson, langjähriger IBM-Chef, 1943). – „Jeder, der von der Umwandlung dieser Atome eine Kraftquelle erwartet, redet nur Blödsinn“

(Lord Ernest Rutherford, britischer Atomphysiker und Nobelpreisträger, 1933). – „Kann nicht schauspielern. Kann nicht singen. Haarausfall. Kann ein bisschen tanzen" (Memo des RKO-Filmstudios nach Fred Astaires erster Filmprobeaufnahme, 1932).

Wie gehen Sie mit Experten jeder Art um? Der gebotene Respekt vor dem Fachwissen und der erworbenen Verdienste ist sicher gerechtfertigt. Ehrfurcht und blinder Glaube sind jedoch ebenso sicher fehl am Platz. Hinterfragen Sie den Hintergrund. Überprüfen Sie die qualitativen Voraussetzungen. Suchen Sie den kritischen Dialog – trauen Sie sich, nach Belegen und Beweisen zu fragen. Überprüfen Sie, ob die Schlussfolgerungen berechtigt sind. Fragen Sie: „Warum ist das so?" und „Worauf stützen Sie Ihre Behauptungen?" Geben Sie sich mit der Aussage „Das ist gesichertes Fachwissen" nicht zufrieden. Lassen Sie sich den Gedankengang und die zugrunde liegenden Annahmen erläutern. Und – trauen Sie sich – prüfen Sie die „Expertise" des Experten und stellen Sie diese gegebenenfalls zur Debatte.

Gar nicht so selten sind die Versuche, uns durch den Einsatz von Experten zu manipulieren. Dazu muss dieser gar nicht persönlich auftreten. Beliebt sind Zitate, die gerne auch aus dem Zusammenhang gerissen werden oder womöglich gar nicht wahr sind. Oder die Behauptung gar nicht vorhandener Expertise: Denn großes Wissen auf einem Gebiet kann mit Ahnungslosigkeit oder falschen Urteilen auf anderen Gebieten einhergehen. Oder es stützt sich womöglich sogar auf das Zitieren nicht vorhandener Bücher oder Fachleute – wer kennt schon alle Namen und alle Bücher, alle „wichtigen" Untersuchungen und wer traut sich schon, zu fragen? Genau das ist aber Ihre beste Strategie: Stellen Sie infrage, lassen Sie beweisen, belegen, begründen. Akzeptieren Sie nicht einfach, was Ihnen vorgesetzt wird.

Vier Fehlerfallen für kritische Situationen

Es wird Ihnen schwerfallen, sich immer richtig zu verhalten. Fehler kommen vor und werden im Einzelfall verziehen – auch von einem kritischen Publikum. Hüten Sie sich aber vor typischen oder notorischen Fehlern, von denen wir im Folgenden vier Fallen aufführen:

Erste Fehlerfalle: Entschuldigungen oder Bankrotterklärungen

„Ich hatte leider keine Zeit, mich gründlich vorzubereiten." – „Die Folien kann man schlecht lesen, aber ..." – „Eigentlich müsste hier ... stehen, wir haben die Folie aber nicht mehr rechtzeitig ändern können." – „Ich werde mich möglichst kurzfassen, um nicht unnötig Zeit für meinen Vortrag zu beanspruchen." Überflüssige Formulierungen, die den Wert Ihres Beitrags vermindern oder sogar erst auf Punkte aufmerksam machen, die sonst niemand bemerkt hätte.

Zweite Fehlerfalle: Marotten

„Ich will mal sagen ..." – „Ich hab da mal eine Frage ..." – Hektisches Auseinanderziehen und Zusammenschieben des Zeigestabs. – Manisches Auf- und Ablaufen vor den Zuhörern. – „Das kann ich nicht ab!" – „Schau'n wir mal." – „Stechen" mit Brille oder Stift nach dem Gesprächspartner. – Spielen mit Stift oder Manuskript. Ob diese Eigenarten nun sprachlicher, körpersprachlicher oder symbolischer Natur sind, sie tragen nicht zu einem positiven Erscheinungsbild bei. Im Gegenteil. Ihre Zuhörer zu gewinnen und zu überzeugen wird dadurch erschwert. Achten Sie auf solche Angewohnheiten, lassen Sie sich Feedback geben und merzen Sie diese Unarten aus. Dazu gehört auch der zu stark ausgeprägte Dialekt oder Jargon, der das Verstehen für Uneingeweihte erschwert oder sogar unmöglich macht.

Dritte Fehlerfalle: Passive Formulierungen

„Man sollte dringend etwas tun." – „Uns wird von der Geschäftsleitung auferlegt …" – „Das Produkt wurde entwickelt …" – „Das wurde mir auch nur mitgeteilt …" Keine Botschaft, kein Appell, Mangel an Identifikation. Ihre Aussage verpufft, Ihre Wirkung leidet, Sie werden nicht als aktiv und engagiert wahrgenommen.

Vierte Fehlerfalle: Relativierungen und Konjunktive

„Eigentlich gefällt mir Ihr Vorschlag ganz gut." – „Vielleicht kann Frau Behrens das Projekt leiten." – „Wir müssen irgendwie eine Methode finden, mit dem Problem etwas besser klarzukommen." – „Sie sollten versuchen, mehr zu verkaufen." – „Ich könnte mich darum bemühen." Ich hör die Worte zwar, allein mir fehlt der Glaube. Diese Formulierungen sind Boten der Verlegenheit, vermitteln Angst vor einer definitiven Stellungnahme. Beziehen Sie Position und machen Sie konkrete Vorschläge. Nur so können Sie Ihrer Meinung Gehör verschaffen und sich durchsetzen.

Beweisen Sie Mut! Stehen Sie zu Ihrem Thema und zu sich selbst! Je überzeugter Sie von Ihrer Sache sind und je geschickter Sie diese vertreten, umso besser wird Ihre Wirkung sein. Bereiten Sie sich auch auf konfliktgeladene Situationen vor. Sie werden es immer wieder mit Gesprächspartnern zu tun bekommen, die ausgebuffte Profis sind – Sachkenner und rhetorisch kompetent. Vielleicht gelingt es Ihnen nicht, sie zu überzeugen. Sie können aber eine gute Figur machen und einen kompetenten Eindruck hinterlassen. Auch hier gilt: Übung macht den Meister!

6

PRÄSENTIEREN

Haben Sie PowerPoint – oder etwas zu sagen?

Wir verdanken den Computergurus der letzten 20 Jahre all die technischen Errungenschaften rund um Hard- und Software, die wir heute so eifrig nutzen. Der US-Amerikaner Clifford Stoll ist einer dieser Gurus, und er ist so richtig sauer auf eine ganz bestimmte Software: „Sie kennen PowerPoint noch nicht? Dann stellen Sie sich zunächst einen langweiligen Diavortrag vor. Nun denken Sie sich einen Haufen simpler, nichtssagender akustischer und optischer Feuerwerke dazu. Das ist PowerPoint: ein langweiliger Diavortrag, ergänzt mit belanglosen Knalleffekten. Vor zehn Jahren galten solche Grafikshows noch als avantgardistisch. Heute ist das ein alter Hut. PowerPoint ist der Feind eines jeden guten Vortrags."

Ist Clifford Stoll ein Technikfeind? Weit gefehlt. Stoll war einer der Miterfinder des ArpaNet, aus dem das Internet hervorging, und er wurde als Hacker-Jäger in den 90ern weltbekannt. Diese deutlichen Worte schreibt er in seinem Buch *Log out* im Kapitel „Die PowerPoint-Pest". Für Clifford Stoll wie für viele Foliengeschädigte ist PowerPoint der natürliche Feind eines jeden guten Vortrags. „PowerPoint is evil", findet sogar der amerikanische Wissenschaftler Edward Tufte, der in Studien zur Rezeption von Inhalten fand, dass PowerPoint komplexe

Themen zu stark vereinfache. Er ist unter anderem der Verfasser eines nur 24 Seiten starken, aber sehr polemischen Arbeitspapiers mit dem Titel „The Cognitive Style of PowerPoint" (erhältlich über www.edwardtufte.com). Tufte nimmt darin den Kampf mit dem Goliath Microsoft auf. Jeder Gedanke sieht in PowerPoint gleich aus. Schauen wir nur einmal auf die „bullet points": Gedankenschritte und Argumente werden aufgelistet und in einer Folienfolge projiziert. Ohne Worte wie „weil" oder „deshalb" und die durch sie angezeigten Zusammenhänge fallen wesentliche Fakten leicht unter den Tisch. Und auch an den Grafiken in PowerPoint lässt Tufte kein gutes Haar. Und als Experte für Infografiken ist er vom Fach. An einer medizinischen Statistik kann er zeigen, dass es nur ein kleiner Schritt von der Komplexitätsreduktion zur Verfälschung der Inhalte ist.

Mit PowerPoint im Bürgerkrieg ...

Auch Peter Norvig schlägt in dieselbe Kerbe. Der altgediente IT-Experte ist Forschungschef beim Suchmaschinengiganten Google und weiß, wie man Daten aufbereiten muss, damit sie für Menschen interessant sind. Vor allem ist Norvig ein Autor mit viel Humor. Anfang des Jahres 2000 vergriff er sich an einem Nationalheiligtum der amerikanischen Kultur, der „Gettysburg Address" von Abraham Lincoln, die er während des Bürgerkriegs hielt. Norvig fertigte seine Präsentation mithilfe des „Präsentations-Assistenten" im Programm PowerPoint an. Wer Norvigs Ergebnis ansieht, der wird feststellen: Selbst die berühmteste Rede der Vereinigten Staaten sinkt, wenn sie auf Präsentationsfolien reduziert wird, auf das Niveau eines Meetings von Verkäufern für Gummidichtungen. Von den sechs Folien gibt die letzte Folie mit der Zusammenfassung der Gettysburg Address einen guten Eindruck von Norvigs Humor – und von den Folgen zu intensiven Gebrauchs der fraglichen Software:

Summary

New nation
Civil war
Dedicated field
Dedicated to unfinished work
New birth of freedom
Government not perish

Wenn Ihnen das gut gefällt, dann stellen Sie sich erst einmal vor, mit welchen PowerPoint-Folien Moses sein Volk aus Ägypten geführt hätte – doch es ist fraglich, ob sie ihm dann überhaupt gefolgt wären. Wie sehr die Worte zählen und nicht die bunten Bilder, das zeigen uns immer wieder die Politiker. Es ist einfach unvorstellbar, dass Barack Obama eine PowerPoint-Präsentation vorgeführt hätte und am Schluss eine motivierende Folie zeigt mit dem Text: „Yes, we can!" Mit so etwas hätte er es nie geschafft, noch nicht einmal in Alaska.

Nun sind aber Präsentationen mit Unterstützung von PowerPoint oder einer anderen vergleichbaren Software inzwischen Standard. Und für manche Themen ist eine bildhafte Unterstützung durchaus geeignet. Das gilt für Unternehmen wie für Hochschulen. „Jede(r) Teilnehmer(in) hält zu dem gewählten Thema ein Referat mit Power Point Präsentation." So steht es in den Vorgaben für ein Seminar über Biologische Psychologie an der Universität

Tübingen, stellvertretend für viele Veranstaltungen an vielen Hochschulen zwar politisch korrekt, aber orthografisch zweifelhaft und die Optionen arg beschränkend. Das muss nicht sein, und mit ein paar Grundregeln sowie dem Verzicht auf beliebte Fehler kann man bereits vieles besser machen. Denn wir finden: Das Leben ist zu kurz für schlechte Präsentationen!

Die erste Lektion haben Sie schon nebenher gelernt: Sagen Sie zu Beginn nie, worüber Sie anschließend reden wollen – fangen Sie stattdessen einfach an zu reden, am besten mit einem klug gewählten Beispiel. Dann ist Ihnen die Aufmerksamkeit Ihrer Zuhörer sicher, Sie leiten über zu Ihrem Thema und stellen kurz den Inhalt Ihrer Präsentation vor. „Kurz" meint wirklich kurz, denn die Vorstellung des Inhalts sollte immer weniger lange dauern als die Präsentation selbst. Wir erwähnen es nur, weil das richtige Gleichgewicht nach unseren Erfahrungen nicht immer gegeben ist.

1988 begann alles ganz harmlos, PowerPoint kam als bescheidenes „Visual Aid" zur bildlichen Unterstützung von Vorträgen auf den Markt. Doch die kleine Stehhilfe PowerPoint wurde schnell zum komfortablen Schlafwagen, mit dem sich müde Redner zu ihrem wachen Publikum fahren lassen. Schwindelerregende Folienschlachten, zu schnelles Sprechen, kein roter Faden – was muss das Publikum nicht alles über sich ergehen lassen: stets mit Firmenlogo und kunstvoll gestalteten Templates versehen. Da werden ganze Absätze ausformuliert und mit Grafiken überladen per Beamer an die Wand gestrahlt. O-Ton aus deutschen Besprechungsräumen, Tag für Tag, selbst wenn es um entscheidende Veränderungen geht: „Ja, also die nächsten drei Folien kann ich mal überspringen, die sind nicht so wichtig. Die bekommen Sie sowieso per E-Mail von mir." Die Kollegen blicken sich aus den Augenwinkeln wissend an, das Spiel ist bekannt: So verkündet man also eine deutliche Kürzung des Budgets und bittet gleichzeitig die Mitarbeiter im Team um noch höheren persönlichen Einsatz.

Viele „PowerPoint-Rhetoriker" setzen auch gern auf die überzeugende Wirkung von Karikaturen oder die dürren Strichmännlein aus dem Lieferumfang von Microsoft Office, damit die Zuhörer auch einmal etwas zu lachen haben. Viel Arbeit wird auch für besonders kunstvolle Übergänge zwischen den aufgerufenen Seiten verwendet – zum Beispiel mit Vorhängen, die sich von oben über das Bild senken. Oder mit Buchstaben, Begriffen, Sätzen oder Pfeilen, die einzeln auf den Schirm rauschen – unterstützt durch ein akustisches „Tä-Täääää", „Plopp" oder „Zischschsch". Nicht zuletzt die verkappten Künstler in den Büros verwirklichen sich gern mit exotischen Folienlayouts und ausgefallenen Schriftarten, so wie vor 15 Jahren bei den Restaurant-Speisekarten: vier Fonts, sechs Farben, acht Schriftgrößen, kursiv, mit Kapitälchen und gefettet – oft genug aber leiter auch mit Tipppfehlern!

Wie werden Vorträge und Folien besser?

Es geht auch anders: Folien, Bilder, Grafiken und Charts können einen Vortrag durchaus unterstützen – aber eben nicht den Redner und seine Worte ersetzen! Machen Sie sich zuallererst klar: Wer reden kann, hat mehr Chancen, das Publikum zu gewinnen, als mit einer Folienschlacht. Und auch die Berliner Reden des amtierenden Bundespräsidenten Horst Köhler wirken durch seine Persönlichkeit auf Menschen und nicht etwa wegen guter Infografik.

Daher sollten wir uns immer fragen, was das Ziel und die Aufgabe unserer Präsentation ist, bevor wir das Programm starten. Folgende Punkte sind dabei grundlegend: Der Begriff „Präsentation“ kommt aus dem Lateinischen und bedeutet so viel wie „Vorstellung“. Damit liegt die Latte hoch, denn Präsentationen sind damit kleine Inszenierungen. Doch diesen Begriff wollen wir nicht zu sehr strapazieren, anders als ein Theaterstück hat jede Präsentation letztlich drei Aufgaben: ein Thema zu veranschaulichen, besser verstehbar zu machen und besser im Gedächtnis zu verankern. Wichtig sind die „drei V“: Verstehen, Verstärken, Verschönern. Das ist die Begründung, warum man überhaupt Folien, Charts und Bilder einsetzt. Dieses Ziel kann durch entsprechend gut gestaltete Folien besser erreicht werden als mit anderen Präsentationsmitteln.

Was gilt es also zu beachten? Verwenden Sie möglichst durchgängig eine Schriftart in der Präsentation und nicht zu viele Schriftgrößen. Bei großen Leinwänden und 1 000 Zuhörern rechnen Profis die Saal- und die Leinwandgröße auf die angemessene Schriftgröße um. Ein Font mit weniger als 16 Punkt ist meist nur schlecht lesbar, sogar aus der ersten Reihe. Zu große Schriften wirken allerdings schnell aggressiv und laut – es lohnt sich, genau auszuprobieren, was passt. Wählen Sie also eine ausreichend große Schrift, vermeiden Sie Fußnoten oder verkleinerte Kommentare. Der Schriftabstand sollte mindestens zweizeilig sein. Nicht im Buchdruck, aber bei Präsentationen am besten lesbar sind sogenannte serifenlose Schriftarten, wobei Windows Arial sicher die bekannteste ist. Vermeiden Sie Schreibschriften ebenso wie Widersprüche zwischen Schrift und Inhalt (Hightech-Inhalt in Western-Saloon-Schrift). Schriftschnitte und

Satzauszeichnungen wie kursiv, fett, gesperrt oder unterstrichen sollten Sie sparsam verwenden und nur dort, wo es einen Sinn ergibt. Weniger ist oft mehr!

Legen Sie besonderen Wert auf die Wahl der passenden Farben. Am besten lesbar sind positiv gesetzte Schriften, also dunkle Schrift auf hellem Grund. Im angelsächsischen Bereich werden allerdings häufig negativ gesetzte Schriften (zum Beispiel Gelb auf Dunkelblau) gewählt – wir raten ab, selbst wenn Ihr Publikum aus New York und London kommt. Achten Sie einfach grundsätzlich darauf, dass alle Inhalte, also Schrift und Bild, auch bei nicht optimaler Beleuchtung und aus einer gewissen Entfernung gut lesbar sind. Wenn Sie sich nicht sicher sind, machen Sie einen Probedurchlauf. Wer Handouts vorbereitet und austeilt, sollte auch daran denken, wie die Farben auf einer Fotokopie in Schwarz-Weiß aussehen: So mancher bunte PowerPoint-Picasso wurde schnell zur grauen Maus durch schlechte Kontraste im Ausdruck. Eine weitere Problemquelle können die Beamer sein: nämlich dann, wenn sie ähnlich unfreundlich mit der gewählten Farbpalette umgehen und ausgefeilte Nuancierungen verpuffen, nur weil nicht mehr erkennbar ist, wo die Abstufung von Hell- zu Dunkelorange verläuft.

Verwenden Sie daher nach Möglichkeit nicht mehr als vier Farben. Rot hebt hervor, wirkt aber leicht aggressiv, Blau wirkt eher beruhigend, seriös und ist augenfreundlich. Auch Grün, aber nicht Hellgrün, ist angenehm fürs Auge. Gelb ist eine Signalfarbe und wirkt optisch eher „sauer“. Beim Verhältnis von Hintergrund zu Schrift ist die Kontrastwirkung zu beachten, es sollte also nicht flimmern. Denken Sie bei Rot-Grün-Kontrasten auch daran, dass es gar nicht so wenige fehlsichtige Menschen gibt, die das optisch nicht erkennen können.

Gerade die gewählten Begriffe und Schlüsselworte, etwa für Überschriften, sind wichtig für den Erfolg Ihres Vortrags. Unter dem schönen Titel „Bullshit-Bingo“ sind die verschiedenen Listen von fast beliebig kombinierbaren, oft aber sinnarmen Managementbegriffen weithin bekannt. In Deutschland kommt man so zur „konstruktiven Innovations-Akzeleration“, der „permanenten Aktions-Flexibilität“ oder auch auf die „virulente Identifikations-Problematik“. Verwenden Sie ruhig solche Wunderworte in Ihrer Präsentation. Sie werden sehen, ob Sie dann einen Geschäfts- oder einen Lacherfolg erzielen.

Bei Animationen und Folienübergängen vermeiden Sie besser verspielte Animationen, bewegte GIFs, Bilder oder Zeichen. Suchen Sie nach Clip Art, die nicht jeder nimmt. Verzichten Sie auf das schrittweise Erscheinen einzelner Zeilen. Es ist überflüssig und irritiert die Zuhörer immer aufs Neue. Absolute No-Nos sind Textübergänge und Einfügungen Wort für Wort ins Bild, Worte treten buchstabenweise als „Nummerngirls“ auf, oder die auch nicht seltenen akustischen Marken und Signale („palim-palim“). Gut gemachte und gut gewählte Bilder können die Aussage einer Folie natürlich sehr unterstützen. Denken Sie bei aller Begeisterung über eine passende Illustration aber bitte auch immer an die Urheberrechte. Denn schon mancher musste für eine unbedacht eingesetzte Karte oder ein unerlaubt benutztes Bild aus der virtuellen Welt einen erheblichen Preis zahlen, und zwar in echtem Geld!

Bei aller Kritik ist PowerPoint durchaus ein probates Hilfsmittel zur Unterstützung eines Vortrages, aber eben nicht der Ersatz für den Vortrag. Mit diesem Unterschied steht und fällt der Erfolg einer Präsentation in den Augen des Publikums. Denn wer Menschen überzeugen will, der muss als Mensch hervortreten hinter der visuellen

Brandmauer aus Folien. Denken Sie immer an ein paar Grundregeln der Foliengestaltung: Weniger ist mehr – also sind 30 Folien in zehn Minuten eindeutig zu viel. Beachten Sie die Lesegewohnheiten im benutzten Sprachkreis, also bei indogermanischen Sprachen von links nach rechts, von oben nach unten. Verwenden Sie maximal vier Farben und vier Formen und stellen Sie Sinnzusammenhänge durch gleiche Farben und Formen dar.

Viele haben Schwierigkeiten mit der Feststelltaste. NICHT DIESER TEXT LÄSST SICH LEICHTER LESEN, sondern dieser Text lässt sich leichter lesen. Verwenden Sie doch einfach Groß- und Kleinbuchstaben wie seit Jahrhunderten. Es gibt sie, weil sind leichter lesbar sind. Auch das Sperren von Buchstaben durch Leerzeichen führt nur dazu, dass die Betrachter D U R C H G E R Ü T T E L T werden – ob sie Ihnen danach mehr glauben, sei dahingestellt. Vermeiden Sie grundsätzlich Abkürzungen, von denen sie nicht sicher sein können, dass alle im Publikum diese kennen. Damit sind SPD und CSU abgekürzt „o. k.“, aber schon die ESt. als Einkommenssteuer ist nicht jedermanns Sache. Kernaussagen sollten Ihnen so wichtig sein, dass Sie diese in die Mitte stellen. Bei Überschriften gilt: Kurz und knapp – formulieren Sie eine einzige aussagefähige Überschrift für jedes Bild, niemals länger als eine Zeile. Auch für die Textlänge auf den Folien hat sich die Regel bewährt: Schreiben Sie Stichworte, wichtige Begriffe – aber keine ganzen Sätze und vor allem kein Abbild der Rede oder des Vortrags. Denn Sie haben nur maximal fünf bis sieben Zeilen pro Folie, wenn man diese auf einen Blick erfassen soll. Das erfordert auch, dass der Aufbau verwendeter Grafiken selbsterklärend sein muss.

Tu's und Tabus

Das führt uns zur Bildwelt, dem zweiten Wirkelement von Präsentationen, und diese ist noch stärker als der Text. Eine bildliche Darstellung macht den Inhalt für die Zuhörer leichter fassbar und besser verständlich. Bilder illustrieren Beschreibungen, stellen den Sachverhalt im Überblick oder im Zusammenhang dar. Ein Diagramm liefert das Bild zum Zahlenwerk, es ist einfach eine andere Dimension der Verständlichkeit. Bilder lockern auf und stimulieren, das Einspielen einer Videosequenz oder eines Tondokuments übertrifft in der Anschaulichkeit jede noch so gute Beschreibung. Der gesprochene Text wird durch unterstützende Darstellungen besser einprägsam. Allgemein gilt also: So einfach wie möglich, so wenig wie möglich, so lesbar und so übersichtlich wie möglich.

Wenn wir unserer Präsentationslogik folgen, dann sollten nach den Hinweisen und warnenden Worten jetzt sichtbare Beispiele folgen. Die folgenden zwei Abbildungen liefern sie Ihnen. Doch urteilen Sie am besten selbst:

Beispiel 1: eine gut gestaltete Präsentationsfolie

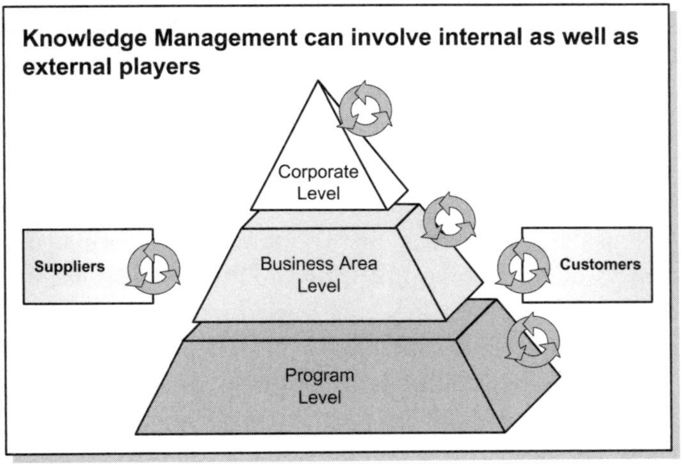

Beispiel 2: Erreicht diese Folie wirklich das Publikum?

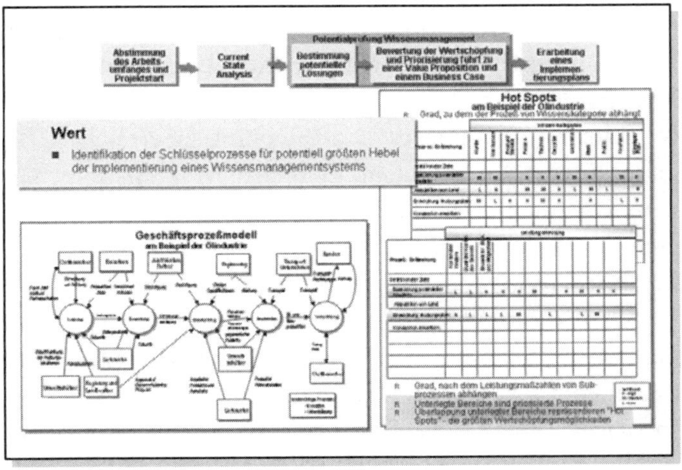

Schließlich wünschen wir uns einfache Rezepte und Konzepte, die unser komplexes Umfeld einfach erklären, vielleicht sogar als vorhersagbar und damit steuerbar vermitteln. Derjenige oder diejenige, die das vermögen, gelten uns gleich als kompetenter und vertrauenswürdiger. Sichern Sie sich die Aufmerksamkeit der Zuhörer! Gleichförmige Charts, monotone Animationen oder identische Reize langweilen die Zuhörer.

Aus der Erfahrung vieler Trainings können wir sagen, dass es die Aufmerksamkeit des Publikums deutlich fördert, wenn Sie Textstücke mit relevanten Bildinformationen verknüpfen, also mit Fotos oder mit kurzen Videoclips. Videos sollten nicht länger als maximal 60 Sekunden sein, die Aufmerksamkeit sinkt schon ab etwa 45 Sekunden. Mehr als zwei reine Textfolien ohne Grafiken oder Bilder nie direkt hintereinander zeigen. Animationseffekte jeder Art sparsam einsetzen. Nur eine Art Übergangseffekt wählen, mit dem Sie die Folie Ihrer Bildschirmpräsentation einblenden. Zwischen bestimmten Folien mit dem Publikum interagieren, etwa für Fragen, Einwände oder Erfahrungen. Komplexe Bilder durch Animation Schritt für Schritt aufbauen, um Aha-Erlebnisse zu erreichen. Ein anderes Medium zwischendurch einsetzen (ans Flipchart zum Zeichnen oder mit einer Tischvorlage arbeiten), in einem rein verbalen Teil beispielsweise eine persönliche Erfahrung vortragen, die dadurch besonders wirkt.

Nutzen Sie Beispiele oder Vergleiche, machen Sie komplexe Zusammenhänge so besser fassbar. Oder geben Sie einen Vergleich für schwer vorstellbare Zahlen: beispielsweise 480 Milliarden Euro, eine der unvorstellbaren Zahlen der Finanzkrise. Als Zahl sind es 480 000 000 000 und damit nichtssagend. Aber als Stapel aus 100-Euro-Banknoten werden sie 480 Kilometer hoch – das entspricht etwa der Entfernung von Köln nach Hamburg und ist vorstellbar. Sie können ebenso eine rhetorische Frage formulieren, denn damit erregen Sie Neugier auf die Antwort, die Sie dann geben können. Deshalb ist auch „Hat jemand noch Fragen?“ nicht das richtige Ende für Ihre Präsentation. Denn Sie wollen Ihre Teilnehmer doch aktivieren, oder? Dann können Sie einzelne Personen ansprechen, mit Fragen Zuhörer einbinden oder zu einer Aktion aufrufen.

Doch selbst wenn alles richtig geschrieben ist, bleibt ein Kardinalproblem: der Mensch als Präsentierer oder „Presenter“, wie es neudeutsch auf Denglisch heißt. Jeder kennt Typen wie den „Überflieger“ mit mindestens zehn Folien pro Minute, weil er insgesamt 119 Folien hat und alle zeigen will. Oder den „Im-Bild-Steher“: Er verdeckt die Projektion, weil er dauernd zwischen Beamer und Leinwand hin und her läuft. Der „Autist“ dagegen steht ruhig und redet zur Folie, zur Wand, vielleicht auch zu sich selbst – aber nie zu uns. Der „Lehrer“ weiß wie in der Schule sowieso alles, und wie dort zwingt er uns in die Knie durch staubtrockene Zahlen, Fakten und Daten, davon kennt und zitiert er jede Menge. Die „Befehler“ haben mindestens einen Leibeigenen für Folien und PC-Bedienung, sie selbst beschränken sich auf das Reden. Doch ihr Vortrag leidet häufig unter der mangelhaften Vorbereitung, denn Befehler gestalten die Folien natürlich nicht selbst, sie haben diese auch nur selten vorher angesehen. Immer wieder kommen halblaut gebellte Anweisungen: „Nein, noch mal kurz zurück!“ – „Nächste Folie!“ Es versteht sich von selbst, dass die Vertreter dieser Spezies keinerlei Schwingungen aus dem Publikum wahrnehmen. Sie spüren daher auch nicht, ob nur einer schläft oder schon alle.

Die Person vor der Gruppe ist hin- und hergerissen, immer wieder wechselt der unsichere Blick zwischen Notebook, Leinwand und Publikum. Ist es das Misstrauen, ob der Beamer auch tatsächlich dasselbe Bild zeigt wie der Bildschirm? Ist es die mangelnde Vorbereitung, dass man ständig auf den Bildschirm schauen muss, um zu wissen, wie es weitergeht? Wenn Sie solche Situationen kennen oder bei anderen schon bemerkt haben, wissen Sie, welch schlechte Wirkung es auf den Auftritt hat.

Die schlechteste Möglichkeit ist, gleich mit der Leinwand zu reden. Ein besonders abschreckendes Beispiel erlebten wir einmal anlässlich einer Veranstaltung an einer der bekannteren Business Schools. Der Entwicklungsvorstand eines großen deutschen Automobilzulieferers hielt vor mehreren Hundert interessierten Ingenieuren einen Vortrag zum Innovationsmanagement in seinem Unternehmen, gut vorbereitet und mit prima Folien. Nach etwa fünf Minuten dreht er sich jedoch um und zeigte mit dem Laserpointer etwas auf einer der Folien. Leider fand er danach nicht mehr die Kraft für eine weitere Drehung und den Weg zurück zum Publikum. Denn er blieb zur Projektionsfläche gewendet stehen während der restlichen rund 40 Minuten seines durchaus interessanten Vortrags. Akustisch war es nicht weiter schwierig, ihm zu folgen, denn das Mikrofon funktionierte gut. Aber im Gesamteindruck war es eine Katastrophe, denn durch den fehlenden Blickkontakt gab es während der gesamten Zeit für seine Gedanken keine wirklich tragfähige Brücke zum Publikum. Wahre Profis wissen daher: Lassen Sie den Blickkontakt zu Ihren Zuhörern nicht abreißen! Schauen Sie hin und schauen Sie alle an, immer wieder und mit einem Lächeln im Gesicht. Ein kurzer Blick auf den Bildschirm ist erlaubt, dort sehen Sie die passenden

Stichworte. Alles andere ist eher schädlich oder gefährlich.

Ebenso beliebt sind Entschuldigungen und vorauseilende Bankrotterklärungen: „Ich hatte leider keine Zeit, mich gründlich vorzubereiten …“ – „Die Folien kann man schlecht lesen, aber …“ – „Eigentlich müsste hier was anderes stehen, wir haben die Folie aber nicht mehr rechtzeitig ändern können.“ – „Ich werde mich möglichst kurzfassen, um nicht unnötig Zeit für meinen Vortrag zu beanspruchen.“ Mit Worten wie diesen erklären Sie Ihren eigenen Vortrag zu geistigem Kleingeld oder machen die Zuhörer erst richtig auf die Schwierigkeiten aufmerksam, die mancher sonst vielleicht gar nicht bemerkt hätte.

PowerPoint bietet auch vielfältige technische Klippen und Fußangeln für technische Probleme. Damit degradiert es bei Pannen den Vortragenden schnell zu einem besseren Hausmeister, der die Kabel prüft, den Rechner neu startet oder bei Bedarf sogar die Lampe des Beamers selbst auswechselt – oder stammelnd mit den Worten ringt, weil die Leinwand dunkel bleibt, wenn sich der Vorhang nicht heben will in seinem kleinen Welttheater. Merke: Es gibt kaum eine so wirkungsvolle Möglichkeit, sein Gesicht zu verlieren, wie eine missratene PowerPoint-Präsentation. Präsentieren gelingt nur dann, wenn Sie die Technik gut beherrschen. Mittlerweile gibt es häufig die technischen Voraussetzungen, um Ihre Folien vom Notebook dem Publikum direkt über einen Beamer zu zeigen. Nutzen Sie diese Möglichkeit, testen Sie aber vorher die technische Kompatibilität der Systeme und machen Sie am besten einen Übungsdurchlauf. Sie wirken reichlich hilflos, wenn Sie mit einem gemurmelten „Eigentlich müsste das doch funktionieren …“ am Notebook oder an anderen Geräten herumexperimentieren. Wenn Sie unsicher sind, ob es klappt, dann nutzen Sie besser ein eigenes Gerät. Eine Fernbedienung spart Ihnen den Gang zum Notebook, aber seien Sie vorsichtig im Einsatz von Laserpointern: Beim Präsentieren wird den meisten Menschen die Hand unruhig, und der Laserpunkt tanzt dann schon recht gut sichtbar über die Leinwand und ist damit eine Ablenkung von dem Inhalt Ihres Vortrags. Auch bei coolen Präsentierern bewegt sich die Hand dennoch meist zu schnell. Der Hauptgrund gegen Laserzeiger ist aus unserer Erfahrung ein anderer: In jedem Fall müssen Sie sich zur Projektionsfläche drehen und sind damit vom Publikum abgeschnitten.

Je besser, je effektvoller, je länger Ihre Präsentation ist, umso mehr tritt das Publikum in den Hintergrund – Ihre Zuhörer bleiben passiv. Sie müssen entsprechend mehr Energie investieren, um danach zum Fragen, Mitdenken und Mitmachen zu animieren. Filme und Tondokumente setzen Sie deshalb eher sparsam ein. Eine gut gemachte Videosequenz von fünf Minuten Länge schlägt das Publikum sicher in seinen Bann, macht es Ihnen im Anschluss aber auch sehr schwer, wieder die Aufmerksamkeit auf sich zu ziehen oder gar das Publikum für eine anschließende Diskussion zu aktivieren. Wenn der Einsatz einer solchen Sequenz sinnvoll ist, empfehlen sich danach eine kurze Pause und der Einstieg über eine spannende oder provokante Zusammenfassung, die das Publikum zur Diskussion auffordert.

Und die Unterlagen für die Teilnehmer? Unterlagen für die Teilnehmer sind mittlerweile Standard und damit wesentlicher Teil der Erwartungen Ihrer Zuhörer. Grundsätzlich empfehlen sich Handouts zur Unterstützung der Präsentation. Das Publikum ist nicht auf seine individuell unterschiedliche Mitschrift angewiesen, sondern kann in den kopierten Folien nachlesen. Ebenso wird die Aufmerksamkeit der Teilnehmer nicht abgelenkt durch oft hektisches Mitschreiben während der Veranstaltung. Gut gestaltete Materialien verstärken den positiven Eindruck des Vortrags. Ihre schriftlichen Unterlagen können Sie gezielt und durchdacht vorbereiten, und es bleibt das erhalten, was Sie als relevant vermitteln wollen. Sie können bei Bedarf ergänzendes Material wie Statistiken, Daten, Erklärungen und anderes mehr beifügen, das in der eigentlichen Präsentation nur ablenken und sogar eher stören würde. Und nicht zu gering geschätzt werden sollte ein gewichtiger Punkt der Überzeugung aus Sicht des Publikums: Was man schwarz auf weiß besitzt, das kann man ruhig nach Hause tragen. Wenn wir Präsentationsdaten und Fakten aus der Hand der präsentierenden Person empfangen, dann erweckt es damit größere Überzeugungskraft. Wenn Sie keine Überraschungsmomente in Ihrem Vortrag haben, können Sie die Unterlagen vor Beginn der Veranstaltung verteilen. Dann können sich alle schnell einen Überblick verschaffen und während der Präsentation gezielt entscheiden, was sie mitschreiben wollen. Das Problem ist aber: Genau das nimmt Ihnen die Spannung weg. Teilen sie die Handouts nach dem Vortrag aus, stürmt das Publikum meist aus dem Saal oder ist zum Teil schon vorher gegangen. Eine Zwickmühle? Nein, denn es zeigt ganz klar die Aufgabe, vor der Sie stehen: Erzeugen Sie Eindruck durch eine wirkungsvoll gestaltete und dramaturgisch gut aufgebaute Präsentation, die Sie rhetorisch überzeugend und mit sicherem Auftritt zum Publikum herüberbringen. Dann hört man Ihnen auch bis zum Ende zu, dann fragt man Sie sogar nach einem Handout oder Manuskript.

Rede und Vortrag: Mit wirksamen Worten überzeugen

Denn letztlich überzeugen wir durch unsere Worte. Das ist allerdings schwer genug, für viele zu schwer. Deshalb ist es heutzutage schon eine Zeitungsmeldung wert, wenn selbst berufliche Vielredner auf Anhieb die richtigen Worte finden. So wurde über den Politiker Thomas Röwekamp berichtet, dass er „als Einziger ohne Spickzettel ans Pult trat. Über eine halbe Stunde gelang ihm eine freie, authentische Rede über die Bedeutung des Konjunkturprogramms für Bremen." Doch das ist eher die Ausnahme, denn beim Pflichtprogramm sieht es meist anders aus. Oft genug ist die Tagesordnung nicht eben übervoll an Höhepunkten. So monierte der Bremer *Weser-Kurier* Anfang 2009: „Ein Thema wie ‚Biodiversität im Land Bremen stärken' wird für die Besucher noch etwas anstrengender, wenn ein Teil der Redner noch nicht einmal das erste Wort unfallfrei über die Lippen bekommt." Doch es gibt auch gute Beispiele: Ein Teil des Heldenmythos, der zurzeit den amerikanischen Präsidenten Barack Obama umgibt, kommt nicht von ungefähr, sondern von den weithin gelobten dynamischen und anfeuernden Reden des ersten schwarzen Präsidenten der Vereinigten Staaten von Amerika.

Aus den Trainings mit unseren Teilnehmern und Auftraggebern wissen wir: Die wenigsten Menschen tun sich beim souveränen Auftritt so leicht wie US-Präsident Obama. Die meisten müssen sich stattdessen wie die Abgeordneten in Bremen mit Themen auseinandersetzen, die ihnen nicht leichtfallen. Wenn es dann nicht klappt, ist der einfachste und zugleich falscheste Weg, die Schuld beim Zuhörer zu suchen. Sie selbst können doch nichts dafür, wenn Sie nicht ankommen, denn das Publikum ist unwillig oder unfähig, Ihren kunstvollen Gedankengängen zu folgen. Warum bloß können Ihre Zuhörer, diese offenbar schlichten Gemüter, den roten Faden in Ihren langen Sätzen nicht finden? Sie merken schnell: Solche Gedanken führen nicht weit, sondern ins Abseits. Wirkung ist eine Bringschuld, also müssen Sie sich kümmern. Und selbst Reden kann man lernen: Dichter werden geboren, Redner werden gemacht, besagt eine alte lateinische Weisheit. Bei den Griechen gehörte die Rhetorik sogar zur Allgemeinbildung. In England und in den USA gibt es seit mehr als 100 Jahren Debattierklubs an Schulen und Hochschulen, und selbst in Deutschland sind sie auf gutem Weg. Das sollten Sie beherzigen. Noch zu oft verlassen viele sich im Job darauf, statt gut gewählter eigener Worte lieber „die Fakten" sprechen zu lassen. Das kann ein folgenschwerer Fehler sein: Überzeugende Rhetorik ist ein wichtiger Baustein der Karriere. Wer die Bedeutung von schlagfertiger und einleuchtender Argumentation unterschätzt, vergibt wertvolle Chancen – und merkt es häufig nicht einmal.

Erfahrene Politiker und viele Topmanager wissen, wie wichtig die Fähigkeit ist, sich mit Worten überzeugend an andere Menschen zu wenden. Doch die rhetorische Verbesserung ist heute nicht mehr nur eine Sache für Politiker oder Geschäftsführer. Hierarchien werden flacher. Dem einzelnen Mitarbeiter kommt damit häufig die Verantwortung für einen Arbeitsbereich zu, der noch vor ein paar Jahren von einem Abteilungsleiter betreut wurde. Und: Immer mehr Projekte werden nicht allein bewältigt, sondern gemeinsam mit anderen Firmen oder Dienstleistern. Hier muss man präsentieren und den eigenen Standpunkt vertreten können. Wer sich im Unternehmen, in seinem Verein oder in seiner Partei Gehör verschaffen will, muss nicht lauter, sondern besser reden können als andere. Die Redegewandtheit des Kandidaten ist damit häufig auch ein unausgesprochenes Kriterium für Chefs, wenn es um die weitere Karriere geht: Wer andere führen will, muss selbst reden können. Ein Vorstand eines bekannten Maschinenbaukonzerns brachte es uns gegenüber auf den Punkt: „Wenn man schon die Menschen nicht überzeugen kann, die täglich mit einem zusammenarbeiten – wie will man es dann beim Kunden schaffen?"

Grundfragen zur Vorbereitung

Eine gute Rede oder eine gelungene Präsentation beginnt für Sie mit der guten Vorbereitung. Gehen Sie besser nicht zu routiniert vor, vermeiden Sie den Rückgriff auf Vorträge oder Präsentationen zu Standardthemen, die Sie bei Bedarf variieren. Denn wenn Sie die konkrete Situation oder das Publikum zu wenig beachten, führt das meist zu Schwierigkeiten in der Akzeptanz. Ein herausragendes Beispiel bilden hier immer noch die Präsentationen vieler Unternehmensberatungen, besonders der großen angelsächsischen, aber auch vieler ihrer kleineren Nachbeter in der Provinz. Kaum summt der Rechner, bläst der Beamer, präsentiert sich die Beratung zuerst selbst: Wer sind wir? – Welche Leistungen gehören zu unserem Portfolio? – Für welche Kunden arbeiten wir? – In welchen Ländern, Städten, Projekten sind wir präsent? – Sind wir nicht toll? Erst wenn schon alle nur mehr aus bloßer Höflichkeit ein Gähnen unterdrücken, dann ist der Zeitpunkt gekommen, sich auch mit dem Anliegen des Mandanten zu befassen. Machen Sie es besser, stellen Sie sich die drei zentralen Fragen zur Vorbereitung:

- In welcher Situation werde ich auftreten?
- Welche Erwartungen, welche Ziele haben die Zuhörer?
- Wie sind die Rahmenbedingungen?

Oder Sie halten sich an Guy Browning, den bekannten Kolumnisten des Londoner *Guardian.* Er empfiehlt, sich vier Fragen zu stellen, um die Perspektive des Publikums zu verstehen:

Frage 1: Was möchte ich wirklich sagen?

Frage 2: Warum will ich über dieses Thema reden?

Frage 3: Warum sollten die Teilnehmer es hören wollen?

Frage 4: Welche Einzelheit, welche Botschaft soll bei den Teilnehmern fest in Erinnerung bleiben, wenn ich wieder Platz genommen habe?

Wollen Sie Ihre Zuhörer wirklich fesseln, interessieren, überzeugen, dann müssen Sie sich das verdienen. Kaum jemand hört Ihnen um Ihrer selbst willen zu – vielleicht noch Ihre Eltern, denn die waren immer für Sie da. In der Öffentlichkeit, im Geschäftsleben ist das anders. Jeder Ihrer Zuhörer erwartet, dass seine Interessen erkannt und befriedigt werden. Sie müssen sich schon aufmachen, Ihre Ideen erfolgreich zu verkaufen. Auch wenn Ihnen der Begriff in diesem Zusammenhang ein wenig anrüchig erscheinen mag, schließlich geht es ja nicht um Versicherungen oder Gebrauchtwagen. Erfolgreich sind Sie nur dann, wenn Sie vermitteln können, warum Ihr Thema und Ihr Standpunkt wichtig oder interessant sind.

Warum sind Ihre Zuhörer anwesend? Welche Bedürfnisse haben sie? Welchen Nutzen können Sie Ihnen anbieten? Kümmern Sie sich darum, gehen Sie nicht nur von Ihren eigenen Interessen aus. Organisieren Sie auch Ihre Präsentation danach. Nicht so, wie der Lehrer seinen Unterricht aufbaut, nicht als das mühsame Abarbeiten von Themen. Ihre Zuhörer müssen nicht kommen und sie müssen nicht bleiben. Die Belohnung für sorgfältige Planung und einen interessanten Einstieg besteht in deutlich gesteigerter Aufmerksamkeit. Das erfahren übrigens auch die leider viel zu wenigen guten Lehrer, die sich diese Mühe machen. Ihre Zuhörer gewinnen Sie, wenn es Ihnen gelingt, sie für sich persönlich einzunehmen und Gefühle anzusprechen.

Der Zuhörer als Kunde: Den Nutzen herausarbeiten

Niemand von uns kauft ein Auto, weil er ein „Auto" möchte. Sie wollen mobil sein oder Eindruck schinden oder häufig viele Taschen und Koffer und Kinder und Hunde transportieren. Menschen haben Bedürfnisse. Dinge, die wir kaufen oder mit denen wir uns beschäftigen, sollen uns helfen, diese Bedürfnisse zu befriedigen. Bedürfnisse stehen daher im Mittelpunkt jeder erfolgreichen verkäuferischen Aktivität. Verkaufen heißt, diese Bedürfnisse zu entdecken und das Angebot mit den Bedürfnissen zu verbinden. Bedürfnisse richten sich nie auf Ihr Produkt. Diese Aufmerksamkeit müssen Sie immer erst herstellen. Ihr Produkt weist Eigenschaften auf. Diese Eigenschaften als solche haben für Ihre Kunden noch keine Bedeutung. Voraussetzung für erfolgreichen Verkauf ist, dass Sie den Wert der Eigenschaft für Ihren Kunden als Nutzen formulieren. Sie übersetzen damit, wie Eigenschaften

Ihres Produkts geeignet sind, ein Bedürfnis des Kunden zu befriedigen beziehungsweise ein konkretes Problem zu lösen. So ist beispielsweise ein Dieselmotor sparsam im Verbrauch und ermöglicht damit dem Kunden, günstig zu fahren. Oder er ist besonders durchzugsstark und sichert dem Kunden damit schnelles und sportliches Fahren.

Ihre Zuhörer sind Ihre Kunden. Denken Sie bereits bei der Vorbereitung darüber nach, warum Ihre Zuhörer gekommen sind:

- Was wollen sie erfahren?
- Entspricht das Niveau Ihrer Darstellung den Ansprüchen Ihrer Zuhörer?
- Was interessiert Ihr Publikum?
- Hat das Thema eine persönliche Bedeutung wie Freude oder Bedrohung?
- Welchen Nutzen können Sie anbieten?
- Auf welche Reaktionen müssen Sie sich einstellen – positive oder negative?
- Müssen Sie mit Widerstand rechnen?
- Welche Fragen werden Ihnen gestellt?

Dazu gehört auch, sich bereits im Vorfeld über Ihre Zuhörer, über deren Situation, ihre Erfahrungen und das Unternehmen zu informieren. Je besser Sie diese Faktoren kennen, umso besser können Sie sie auch berücksichtigen. Betrachten Sie Ihr Thema durch die Augen Ihrer Zuhörer, hören Sie mit Ihren Ohren. Nehmen Sie die Nöte und Sorgen Ihres Publikums auf, schildern Sie den Nutzen Ihrer Vorschläge. Und vergessen Sie niemals: Zuhörer folgen nicht nur rationalen Argumenten. Sie haben vielmehr Wünsche und Werte, Fantasien und Pläne, Ängste und Ärger. Je mehr Sie auf diese Gefühle eingehen, desto größer wird die Akzeptanz Ihres Vortrags, Ihrer Präsentation oder Ihres Redebeitrags sein. Das bedeutet nun keineswegs, dass Sie immer nur das sagen dürfen, was alle hören wollen. Manchmal müssen Sie wachrütteln, auf Probleme hinweisen, ungeliebte Projekte oder Veränderungen vorschlagen. Aber auch dann können Sie genau diese emotionalen Barrieren in der Gestaltung Ihres Auftritts berücksichtigen. Wundern Sie sich dann nicht über unbequeme Fragen oder Widerstand – bereiten Sie sich vielmehr darauf vor, nehmen Sie diese Haltung ernst und arbeiten Sie an diesen Aufgaben mit Ihren Zuhörern.

Wer Vorträge, Präsentationen und Reden vorbereitet, muss wissen, worum es geht: Art der Rede, Dauer, Ort, Termin und Veranstalter respektive Gastgeber. Andere Details sind ebenso wichtig:

- Wie sind Ort und „Setting“ beschaffen, gibt es weitere Redner vor oder nach mir?
- Wer wird anwesend sein?
- Warum kommen die Zuhörer? Was wollen sie hören?
- Was wissen die Teilnehmer bereits?
- Wie steht das Publikum zum Thema?
- Sind mehr Teilnehmer für mich oder gegen mich?
- Kann ich Meinungsbildner für mich gewinnen?
- Welche kritischen Fragen wird man mir stellen?
- Und was sage ich dazu?

Wenn die Rede unter einem Titel angekündigt wird, sollte er nicht zu speziell sein. Ein Vortragstitel, der vor vier Monaten bei der Anfrage noch heiß begehrt war, kann sich bis zum Tag des Vortrags durch Bewegung in der Sache leicht in kalten Kaffee verwandeln. Wann und wie das Manuskript zu einer Rede zu erstellen ist, dafür gibt es keine festen Regeln. Der Endzeitpunkt, der Termin der Rede, ist das bestimmende Datum, aus dem sich alles ableitet. An einer Rede sind in der Vorbereitung fast immer mehrere Menschen beteiligt, es gibt verschiedene Textläufe zwischen beteiligten Parteien. Oft benötigen Sie fachlichen Input aus Bereichen, die mit der Rede selbst gar nichts zu tun haben, die Ihnen aber die Informationen geben, über die Sie sprechen können.

In der Praxis hat sich gezeigt, dass ein Manuskript rund eine Woche vorher stehen sollte – was jedoch eine Aktualisierung durch einen veränderten Sachstand oder eine neue Nachrichtenlage nie ausschließen darf. In jedem Fall benötigt der Redner ausreichend Zeit, sich mit dem Manuskript noch einmal zu beschäftigen. Zu einer guten Vorbereitung gehört es, den Text mindestens zweimal für sich und mindestens einmal mit Zuhörern oder einem Coach durchgearbeitet zu haben. Selbst eingespielte Teams von viel beschäftigten Rednern und ihren Redenschreibern merken immer wieder, wie wichtig das für den Erfolg vor Publikum letztlich ist. Tun Sie das Nötige, um nicht im Blindflug durch ein unbekanntes Manuskript zu geistern.

Redezeit und Vortragslänge

Benjamin Harrison hätte vielleicht doch nicht so lange reden sollen, dann hätte er noch länger gelebt. Seine Antrittsrede als 23. Präsident der Vereinigten Staaten im Februar 1901 dauerte fast zwei Stunden, und bis heute sprach kein Präsident länger als Harrison. Und weil Harrison während seiner Rede mitten in einem Schneesturm auf den Stufen des Kapitols in Washington stand, ohne Mantel und Hut, erlitt er eine Lungenentzündung, und er starb 31 Tage danach.

Wie lang sollte man reden? Die einfachste Antwort ist auch die häufigste: Solange man darf. Es gibt fast immer einen Zeitplan, und nach dem hat sich der Redner zu richten. Es wird nicht gern gesehen, wenn nach fünf Minuten lähmende Stille eintritt, weil der Redner bereits geendet hat, obwohl 15 Minuten für ihn vorgesehen waren.

Und natürlich, solange das Publikum Sie anhört und nicht mit den Füßen abstimmt wie beim Ende der DDR. Oft genug kommt es Ihren Zuhörern länger vor als Ihnen selbst, wenn Sie Redner sind. Was diese Relativität der Zeit für das Publikum bedeutet, das zu verstehen hilft eine alte Weisheit aus den Äppelwoi-Kneipen in Frankfurt am Main: „Wie lange fünf Minuten sein können, hängt davon ab, auf welcher Seite der Klotüre man wartet." Also machen Sie es Ihrem Publikum nicht allzu schwer.

Unterschätzt wird gern die Bedeutung des individuellen Sprechtempos für die Länge der Rede. Gerade wenig geübte Redner sollten mindestens zwei Durchläufe auf dem Trockendock machen, um Redezeit und Länge der Vorlage in Einklang zu bringen.

Hüten Sie sich auch vor der falschen, aber weitverbreiteten Annahme, eine kurze Rede müsse man nicht lang vorbereiten, die paar Worte könne man schon aus dem Ärmel schütteln. Ganz im Gegenteil: In einer langen Rede haben Sie weit mehr Gelegenheit, schwache Passagen zu relativieren. Bei einer kurzen Rede zählt jedes Wort. Winston Churchill hatte nicht nur ein besseres Gespür dafür, wann man die Finger zum „V" spreizt – als legendärer Redner wusste er auch, dass die Vorbereitungszeit mit der Kürze sogar zunimmt: „Für eine Zwei-Stunden-Rede bereite ich mich zwei Minuten vor, für eine Zwei-Minuten-Rede aber zwei Stunden." Mark Twain sah es ähnlich: „Um eine gute, improvisierte Drei-Minuten-Rede zu halten, benötige ich nur drei Tage Vorbereitung."

Der Einstieg ins Thema

Ihre Eröffnung soll motivieren und die Bereitschaft wecken, Ihnen weiter zuzuhören. Variationen zum erfolgreichen Start sind ein aktuelles oder ein allen Teilnehmern präsentes Ereignis, eine vielleicht provokante rhetorische Frage, ein optischer oder akustischer Effekt. Beliebt, aber wenig spannend sind viele historisierende Zitate. Ob von Goethe und Schiller, Pythagoras oder Heraklit – diese Bildungsschätze sind oft abgedroschen, passen nicht zur aktuellen Situation oder werden sogar falsch eingesetzt. Zitieren Sie lieber eine aktuelle Schlagzeile, eine wichtige Kernaussage des Vorstands, ein aktuelles Bonmot aus der Politik. Fast alle heutigen Gedanken von lebenden Personen sind besser als alte und tote Gedanken von anno Schnee. Schaffen Sie eine positive erwartungsvolle Haltung. Schildern Sie eine reale Situation, typisch für Ihr Thema oder mit direktem Bezug zum Publikum. So wie ein gutes Essen ohne Vorspeise ebenso wie ohne Dessert nicht vollständig ist, genauso sehr braucht die Rede Einleitung und Ende. Ihre Eröffnung soll motivieren und die Bereitschaft wecken, Ihnen weiter zuzuhören. Hilfsmittel können ein aktuelles oder allen Teilnehmern präsentes Ereignis sein, eine – vielleicht provokante – rhetorische Frage, ein optischer oder akustischer Effekt. Schaffen Sie eine positive erwartungsvolle Haltung. Es gibt natürlich viele Möglichkeiten des Einstiegs, wir empfehlen vor allem folgende Variationen für einen erfolgreichen Start:

- Aktuelle Bezüge aus den Medien oder dem Unternehmen,
- eine reale Situation mit Bezug zum Thema oder Publikum,
- relevante Informationen als Neuigkeit,
- Fragen, sprechen Sie einzelne Zuhörer direkt an,
- rhetorische Fragen, die sich selbst beantworten,
- Übungen, die das Auditorium direkt einbeziehen,
- Zitate lebender Menschen oder Anekdoten,
- Humor,
- eine Zahl, eine aussagekräftige Statistik,
- überraschende, wenig bekannte Fakten,
- gezielte Provokationen, sie zwingen das Publikum, zu reagieren.

Daneben haben wir im Training mit Vortragenden und Rednern auch noch eine besonders überzeugende Form gefunden. Sie besteht darin, dass der Redner dem Publikum zu Beginn drei, vier kurze, aber wichtige Fragen stellt – und zwar in der Form rhetorischer Fragen –, die er dann im Laufe des Vortrags beantwortet. Damit wissen die Zuhörer, worüber Sie reden, und sie wissen, an welcher Stelle des Vortrags Sie gerade sind. Wichtig ist, dass Sie nach jedem Punkt ein kleines Fazit als Kernaussage in einem Satz ziehen.

Humor und Storytelling

Viele wünschen sich Humor und übersehen, dass fast nichts so schwierig ist, wie eine Gruppe von Menschen zu einem Thema gemeinsam zum Lachen zu bringen. Wir stellen im Auftrittstraining mit Managern immer wieder fest: Es ist für viele leichter, stolze Zufriedenheit oder unangenehme Betroffenheit zu erzeugen als Humor und Leichtigkeit zu vermitteln. Gerade das Leichte ist schwer und muss geübt werden. Denn mit dem Humor hat es eine besondere Bewandtnis. Humor ist leicht und locker, kann eine sehr persönliche Komponente haben, eher eine fröhliche oder lustige Geschichte erzählen. Wenn andere dies auch lustig finden, ist es angenehm verbindend. Witze sind eine andere Sache: Gute Witze sind immer auch aggressiv, sie weisen interessante Details auf und eine überraschende Pointe. Gute Witze zu erzählen ist Übungssache, Witze brauchen Praxis, besonders die Pointe muss sitzen. Wenn Ihnen ein guter Witz gelingt, dann haben Sie die Zuhörer gleich auf Ihrer Seite. Nichts befreit so sehr wie ein Lachen. Und zum wirklich guten Humor gehören auch immer die Fähigkeit und die Bereitschaft zur Selbstironie. Nur wer über sich selbst lachen kann, bringt auch andere zum Lachen. Eine gute Alternative zum Witz ist eine Geschichte in der Tradition des angelsächsischen „Storytelling“. Schon in der Bibel wird bekanntlich das Gleichnis erfolgreich zur Illustration einer Aussage eingesetzt. Mit der Story geben Sie ein lebendiges und aktuelles Beispiel, Sie liefern den Zuhörern Bilder für den Sachverhalt. Eine Geschichte kann Ihnen helfen, emotionale Inhalte zu transportieren.

Versierte Präsentatoren und Redner nutzen gerne die Technik des verzögerten Beginns. Es ist ein kleiner Trick, aber mit großer Wirkung. Warten Sie ein oder zwei Sekunden, bis Ruhe eingekehrt ist. Dann atmen Sie ganz normal ein, das sichert Ihrer Stimme die erforderliche Lautstärke, und beginnen Sie zu sprechen. Diese Technik des verzögerten Beginns ist ein unterschwelliges Signal für Kompetenz, das jeder Vortragende nutzen kann. Am Anfang der Präsentation geht es vor allem um einen persönlichen Kontakt zu den Zuhörern. Gewiefte Rhetoriker fördern deshalb ihre Wirkung noch weiter, indem sie sich in der Einstiegsphase vor den Referententisch oder den Projektor stellen. Keine Barriere trennt den Redner vom Publikum, das lässt ihn offen und sicher erscheinen. Nach der Begrüßung und den einleitenden Worten wechselt er den Standort und beginnt mit der Bildschirmpräsentation. Erfahrene Sprecher starten eher langsam, in normaler Stimmlage. Scheinbar dynamisches Geschrei gleich zu Beginn verschreckt die meisten Zuhörer.

Der Hauptteil: Aufbau und Dramaturgie

Wenn Sie Ihre Zuhörer im Griff haben, dann sind alle bereit, Ihren Gedanken zu lauschen. Ein Stilmittel ist für die Darlegung von Gedanken besonders gebräuchlich, nämlich Abwägungen oder Argumentationsketten. Hier werden Argumente und Gegenargumente im Sinne des Redners einander gegenübergestellt, die Kette endet mit dem stärksten eigenen Argument zur Festigung der eigenen Position als Fazit. Dabei kommt es darauf an, welches Ziel Sie erreichen wollen: entweder das Herausstellen der eigenen, guten Argumente oder das letztendliche Widerlegen der fremden, schwachen Argumente. Am Ende des Mittelteils sollte auch klar geworden sein, welche Punkte für den Redner die wichtigsten in seiner bisherigen Rede waren und wie sie zu bewerten sind. Der „rote Faden" ist die von uns immer wieder angesprochene, wichtige, klare Gliederung. Der Inhalt wird übersichtlich und hilft den Zuhörern, der Argumentation zu folgen. Bewährte Techniken zur Gliederung sind:

- Zeitliche Organisation: Zunächst haben wir ... getan, dann kam folgender Schritt ... und jetzt wollen wir ...
- Logische Organisation: Um unser Ziel zu erreichen, müssen wir zunächst ..., daraus ergibt sich ... und dann ...
- Vom Problem zur Lösung: Wir haben folgende Schwierigkeiten, das bedeutet für uns ... – Um das zu ändern, müssen wir ...
- Plus-Minus-Vergleich: Welche Vorteile/Nachteile haben verschiedene Lösungen?
- Ideal versus Realität: Wir wollen Kundenbegeisterung durch perfekten Service. Davon jedoch sind wir noch weit entfernt (kritische Beispiele). Um unser Ziel zu erreichen, müssen wir ... umsetzen.

Die Beschränkung auf das Wesentliche unterstützt die Konzentration des Partners. Überflüssige Inhalte lenken vom Kern der Aussage ab. Sagen Sie nicht alles, was Sie wissen, sondern nur das, was Ihre Zuhörer interessiert, und das, was wichtig ist. Sie wollen verstanden werden. Nur Langweiler oder Wichtigtuer versuchen, alles unterzubringen, was sie wissen. Um es Ihren Zuhörern leicht zu machen, bauen Sie Ihren Beitrag um die Kernaussage herum auf. Was ist besonders wichtig, was müssen sich Ihre Zuhörer unbedingt merken? Wiederholen Sie die Kernaussage, das unterstützt die Erinnerung.

Zwei grundsätzliche Techniken zur Begründung von Aussagen sind die induktive und die deduktive Methode.

Die induktive Methode bedeutet, dass Sie sich anhand von Beispielen Schritt für Schritt die Teilaussagen erarbeiten und diese schließlich zur Gesamtaussage bündeln. Die induktive Methode macht Ihren Vortrag spannend. Zuhörer können am gedanklichen Prozess teilnehmen, mit dem das Thema und die Aussage entwickelt werden. Am Ende steht das Aha-Erlebnis. Die induktive Methode zwingt zur konkreten anschaulichen Darstellung. Bilder und Beispiele lassen sich hervorragend einsetzen. Nachteilig ist genau dieser Punkt. Konkrete Beispiele enthalten nie alle Aspekte, die Ihnen wichtig sind. Sie müssen also hin und wieder zu Verallgemeinerungen greifen – oder weitere ergänzende Beispiele anführen. Zu viele Beispiele jedoch verwirren Ihr Publikum schnell.

Die deduktive Technik beschreitet den genau umgekehrten Weg. Die Gesamtaussage wird in Teilaussagen untergliedert und diese werden schrittweise durch Beispiele und Argumente begründet. Der deduktive Weg wirkt seriöser, weil Ihre Zuhörer von Beginn an über das Ziel und Ihre Gesamtaussage informiert sind. Den meisten Rednern fällt die deduktive Methode leichter, sie erlaubt es eher, den roten Faden beizubehalten. Deduktive Vorträge sind in der Zeitgestaltung unproblematischer. Bei Zeitnot können Sie einfach auf einige Beispiele verzichten. Nachteilig kann sich bei der deduktiven Methode auswirken, dass sie leicht zur Überfrachtung mit Details führt. Jede Begründung kann Sie zu weiteren Argumenten oder Belegen verlocken. Auch besteht die Gefahr der Abstraktion. Da Ihre Aussage nicht auf konkreten Beispielen basiert, kann es zu einer abgehobenen Darstellung kommen. Klare Aussagen und nachvollziehbare Schlussfolgerungen erfordern es, für die Zuhörer einen roten Faden zu entwerfen. Der Ablauf Ihrer Argumentation soll klar werden, das Publikum will Ihren Gedanken folgen können. Denn recht hat oft, wer die bessere Geschichte erzählt. Eine gute Story ist etwas, das uns fesselt und uns mehr vermittelt, als uns auf Anhieb bewusst wird. Mit einfachen Geschichten können Sie oft mehr erreichen als mit vielen Argumenten. Mehr als Produkte oder Markennamen kaufen die Menschen die Geschichten, die mit diesen einhergehen. Apple, Starbucks, Microsoft, aber auch Harvard oder die London Business School leben genauso sehr von Geschichten wie von realer Leistung.

Jetzt hab ich den Faden verloren

Gerade in den ersten Minuten steht der Erfolg Ihres Auftritts auf Messers Schneide. Sie können nur vermuten, wie Ihr Vortrag ankommt und wie das Publikum reagiert. Hinzu kommt die Angst vor dem Steckenbleiben, vor einem Black-out oder vor unangenehmen Fragen. Diese Faktoren können sich gegenseitig verstärken und zu einer Art Totalblockade führen. Die Chance für einen sicheren und positiven Auftritt rückt dann leider in weite Ferne. So etwas kann den besten Rednern und Präsentatoren passieren, Schauspieler erleben es auf der Bühne – und auch Sie sind nicht davor gefeit.

Ihnen stockt der Atem, Sie werden rot oder blass, Ihnen zittern die Hände. Wo ist bloß Ihre Stimme geblieben? Kurz: Sie haben Lampenfieber. „Prima! Eine gesunde Spannung ist die notwendige Voraussetzung für Konzentration und gute Leistungen. Lernen Sie das Gefühl zu genießen, wenn Sie vor der Gruppe stehen." So oder ähnlich lesen sich viele Ratschläge, mit Lampenfieber kreativ umzugehen, die an Ratgeber mit dem Motto „Scheitern als Chance" erinnern. Ob Ihnen damit aber wirklich geholfen ist, wenn Sie vor lauter Nervosität nicht mehr weiterwissen? Es könnte schlimmer sein, Sie könnten Krebs haben. Doch selbst dann können Sie Ratgeber kaufen mit Titeln wie „Krebs ist auch Chance". Tumor ist, wenn man trotzdem lacht?

In Gesprächen mit Schauspielern und Opernsängern erfuhren wir, dass selbst diese Berufe kein Patentrezept gegen Lampenfieber haben. Auch eine erfahrene „Rampensau" kann nach Jahren genau wie ein Novize plötzlich von einer Panikattacke befallen werden. Gemeinsamer Nenner der Aussagen: Jeder hat seine eigenen Hausmittelchen gegen die Aufregung. Einig sind sich jedoch alle in ein paar praktischen Tipps. Wir haben diese Ratschläge der Profis für Sie zusammengestellt:

- Bereiten Sie sich vor. Es reicht nicht, ein paar Notizen oder Folien zusammenzuraffen und dann ins kalte Wasser zu springen.
- Machen Sie ein paar Übungsdurchläufe. Mit gutem Feedback können Sie Ihren Vortrag optimieren. Denn dann wissen Sie einfach: Es wird klappen.
- Malen Sie sich Ihren Erfolg aus. Das wird Ihnen helfen, unnötige Nervosität vor dem Auftritt abzubauen.
- Essen Sie vorher nicht oder nicht viel, dann bleiben Sie wach und aufmerksam.
- Trinken Sie keinen Alkohol und vermeiden Sie Tabletten.
- Arbeiten Sie mit einem guten Manuskript.

Manchmal kommt es aber trotzdem noch schlimmer: Trotz Ihrer Erfahrung, trotz Ihrer guten Vorbereitung und trotz Ihrer guten Fachkompetenz (manchmal auch gerade wegen ihr, weil Sie zu viel wissen) – all diesen Erfolgsfaktoren zum Trotz kann es passieren, dass Sie mitten in Präsentation oder Vortrag den Faden verlieren. Bleiben Sie ruhig: Panik verschlimmert die Blockade nur noch. Eine gute Reaktion besteht darin, die Situation zu „verlangsamen“: Machen Sie eine Sprechpause, sprechen Sie langsamer, wiederholen Sie den letzten Satz oder fassen Sie das vorher Gesagte zusammen. Sie können auch die Situation „verschieben“, indem Sie den Zuhörern eine Frage stellen oder eine konkrete Aktion anstoßen. Möglich sind kurze Pausen – trinken Sie einen Schluck Wasser. Sie können auch springen, nicht auf der Stelle, sondern im Text. Der Übergang zu einem anderen Teil des Themas wirkt vielleicht ein wenig abrupt, ist aber besser als der für alle hörbare Aussetzer. Als letzter rettender Strohhalm bleibt Ihnen Offenheit: „Es tut mit leid, aber ich habe den Faden verloren. Wer hilft mir auf die Sprünge?“

Mit kleinen Fehlern kann jeder leben, niemand erwartet von Ihnen Vollkommenheit. Seien Sie einfach Sie selbst und damit einfach gut. Denn es gilt auch, was die US-amerikanische Schriftstellerin Pearl S. Buck schon vor vielen Jahren schrieb: „Das Streben nach Vollkommenheit macht Menschen vollkommen unerträglich.“

7

RHETORIK

Menschen, Worte und Wirkung

„Worte sind Luft“, bemerkte der Schriftsteller Arthur Koestler einmal, „aber die Luft wird zum Wind, und der Wind macht die Schiffe segeln.“ Dass Worte auch zu einem Orkan werden können, erfuhr Gerhard Rupprecht, Deutschland-Chef der Allianz, Ende Juni 2006 in Köln auf einer Betriebsversammlung. Seine Worte „die Kölner Zweigniederlassung wird geschlossen“ lösten einen Tumult der Mitarbeiter aus mit Zwischenrufen und schrillen Pfiffen. Rupprecht reagierte entsprechend: „Er redete 18 Minuten. Dann war er einfach weg“, gab eine langjährige Mitarbeiterin den Journalisten zu Protokoll. „Eine Frechheit war seine Rede, ohne jede Wertschätzung für uns Beschäftigte.“ Andere Allianz-Mitarbeiter bekundeten Ähnliches: Rupprechts Auftritt und seine Worte seien „völlig emotionslos und blutleer“ gewesen.

Besonders in Krisenzeiten, wenn schwierige Botschaften überbracht werden müssen, zeigt sich: Entscheidungen des Managements sind eine Sache – die Art und Weise, wie diese überbracht und vermittelt werden, eine andere. Inhalt und Form stehen meist nicht in einem angemessenen Verhältnis zueinander – schlechte Nachrichten werden auch noch schlecht übermittelt, ohne Respekt für die Mitarbeiter. Ein Tiefpunkt des Vertrauens ist für die Betroffenen erreicht, wenn schlechte Nachrichten per „E-Mail an alle“

wohlformuliert aus der sicheren Chefetage verschickt werden. Oder gleich per SMS: Zu unbeabsichtigter Popularität kam 2006 ein Londoner Unternehmen, als es einer Mitarbeiterin die Kündigung aufs Handy schickte.

Wer so handelt, zeigt nicht nur armselige Sozialkompetenz und Angst davor, jemandem in die Augen zu sehen – vor allem werden der Wert und der Einfluss der direkten Ansprache unterschätzt. Die Sprache ist nun mal das wichtigste Führungsinstrument, und Führung gelingt nur in wenigen Fällen wortlos – oder wie bei Rupprecht wortreich ohne Worte. Ohne Worte kommen nur Piktogramme und Verkehrsschilder aus. Je arbeitsteiliger eine Gesellschaft ist, desto wichtiger werden Reden und Sprache zwischen den beteiligten Menschen. Viele Manager verkennen: Die Sprache ist eines der wichtigsten Handwerkszeuge der Führung. Denn Wort und Rede stiften Sinn, sie geben Halt und Orientierung.

Und das richtige Wort zählt überall, ob in der großen Politik oder in der internen Unternehmenswelt. Wie Worte wirken, beschäftigt Peter Klotzki seit Langem. Der gelernte Jurist ist Pressechef bei Gesamtmetall und war langjähriger Redenschreiber für den Arbeitgeber-Präsidenten Dieter Hundt. Er sieht im gesprochenen Wort und der Rede „das zentrale Führungsinstrument der modernen Gesellschaft“. Kommunikationsexperten wie Klotzki wissen: Wer führen will, braucht Menschen, die folgen. Doch die folgen nur, wenn sie glauben. Wortgeklimper führt zu Misstrauen und Flurfunk.

Flurfunk und stille Post

Damit steht allerdings die Führungsrhetorik in vielen Unternehmen auf dem Prüfstand. Zum Beispiel im Change-Management: Wenn Unternehmensstrukturen verändert werden, verändert dies neben den Abläufen und dem Informations- und Machtgefüge auch menschliche Beziehungen. Gerade bei weitreichenden Veränderungen des eigenen Arbeitsumfeldes wird daher jedes „Wort von oben" auf die rhetorische Goldwaage gelegt, Wortgeklimper führt zu Misstrauen. Ist die Nachricht dann auch noch stereotyp und wenig aussagekräftig à la: „Wir wollen unsere Strukturen in Einklang mit den Anforderungen des Marktes bringen", kommen weitreichende Interpretationen der Mitarbeiter ins Spiel – und die Probleme des Managements fangen erst richtig an.

Jede Rede sagt mehr, als wir akustisch hören. Das Publikum zieht immer Schlüsse auf den Redner und stellt implizite Fragen wie: „Habe ich Vertrauen zu ihm?" oder „Ist das Unternehmen glaubwürdig?"

Wir erleben immer wieder im Training, dass Redner sich verkrampft und scheinbar verzweifelt am Pult festhalten, obwohl sie doch eigentlich positive Zahlen und eine optimistisch stimmende Perspektive für das Unternehmen verkünden wollen. Kein Wunder, dass die Zuhörer Zweifel an der Botschaft haben, wenn der Blick statt auf dem Auditorium nur in den Blättern des Manuskripts verweilt. Schon im ersten Anlauf gelingt es meist, diese kleinen, aber bedeutungsvollen Fehler zu beheben – und damit der Botschaft eine völlig neue Dimension zu eröffnen.

Wo die Redner eine Deutungslücke lassen, wird sie nämlich schnell vom Zuhörer genutzt. Innerhalb von Unternehmen bilden sich inoffizielle Analysezirkel, aus

Mitarbeitern werden Nachrichtenredakteure des Flurfunks: Sie geben in Umlauf, was sie verstanden haben – ihre eigenen Deutungen. Dafür wird oft zwischen den Zeilen gelesen beziehungsweise „gehört“: Was ist der Subtext der Originalbotschaft, was könnte wirklich gemeint sein? Am Ende beteiligen sich ganze Unternehmensbereiche an einem bekannten Kinderspiel: stille Post.

Erfahrene Manager wissen: Unternehmen einer bestimmten Größe zielsicher führen und so weit wie möglich den Flurfunk minimieren – das geht nur, wenn sie möglichst viele Mitarbeiter auf ihrem Weg ansprechen und mitnehmen. Klare Sprache und klare Führung sind ein Teil der gelebten Unternehmenskultur. Denn eine neue Strategie muss erklärt werden, damit die Mitarbeiter wissen, wie sie diese in ihrem täglichen Tun umsetzen können. Sonst kann auch penibel vorbereitetes Change-Mangement dadurch ins Stocken geraten. Man muss wissen, wo die Reise hingeht. Wird man im Dunkeln gelassen, schaltet man einen Gang runter oder sucht Wege, die Entscheidung abzufangen.

Die kritischste Zielgruppe sitzt im eigenen Haus

Die kritischste Zielgruppe für Führungskräfte sitzt oft nicht draußen vor dem Fernseher, sondern im Unternehmen. Das allerdings merken viele Manager erst im Konflikt mit dem Betriebsrat oder bei der Betriebsversammlung. Die Folge aus diesem Verkennen der Situation: In der Vorbereitung ihrer Rede gegenüber Mitarbeitern lassen Manager wichtige Fragen unter den Tisch fallen, zum Beispiel: Was habe ich als Führungskraft bei der letzten

Veranstaltung gesagt? Woran muss ich bei der jetzigen Rede also anknüpfen? Welche Ereignisse haben uns alle im Unternehmen beschäftigt? Wo stehen wir heute? Welche Strategie verfolgen die Mitbewerber? Wie gestalten wir gemeinsam die Zukunft? Dabei gilt: Der interne Auftritt vor Mitarbeitern muss genauso gut vorbereitet sein wie ein TV-Interview – das vergessen viele.

Wenn ein Manager außerhalb des Unternehmens oder in Medien auftritt, betreibt die Organisation meist erheblichen Aufwand, um den Auftritt so gut wie möglich vorzubereiten – vom Redenschreiben über Stilberatung bis zum Auftritts-Coaching. Doch der Aufwand sinkt, je näher es zum Menschen kommt. Für die Versammlung der gesamten Belegschaft werden zumindest Zahlen, Daten und Fakten zusammengetragen. Die Präsentation in der Abteilung wird dann nur noch minimal vorbereitet. Und das Führungsgespräch mit dem einzelnen Mitarbeiter findet oft ohne entsprechende Vorbereitung des Vorgesetzten und „so wie beim letzten Mal" statt – mit entsprechenden Folgen.

Wir erleben immer wieder, dass eine Rede in der Öffentlichkeit mit unserer Unterstützung gründlich geübt wird. Der interne Auftritt wird dagegen häufig mit den Worten kommentiert: „Das Thema ist nicht so wichtig. Da rede ich nur vor den Mitarbeitern." Eine klare Fehleinschätzung der wahren Bedeutung solche Anlässe – denn auch extern kann ich nur mit guten Zahlen brillieren, wenn die Mitarbeiterinnen und Mitarbeiter daheim ordentlich in die Hände spucken.

Dabei sprechen Manager und Führungskräfte viel häufiger zu Mitarbeitern ihres Unternehmens als vor einem großen Publikum. Und es bleibt nichts mehr geheim, so die Erfahrung all derer, die es schon einmal erlebt haben. Denn

Journalisten haben Kontakte, die jeden internen Auftritt bei Bedarf öffentlich werden lassen. Und wie schnell ist inzwischen ein Auftritt oder ein Teil des Auftritts mitgeschnitten und per Twitter in alle Welt versandt. Auch die umstrittenen Äußerungen des Deutsche-Bank-Chefs Josef Ackermann zur Staatshilfe waren ursprünglich in einer internen Veranstaltung gemacht worden. Deshalb sollte jeder Chef wissen, dass intern auch extern bedeutet. Inhaltlich darf es also keine diskrepanten Unterschiede in den Botschaften geben – das fällt auf und kommt schlecht an. Die Art der Ansprache darf intern allerdings ruhig eine andere sein als extern: nämlich feinfühliger, gewissenhafter – und motivierender. Noch stärker als bei externen Zuhörern gilt es, die Mitarbeiter rhetorisch abzuholen. Denn interne Kommunikation trägt unmittelbar zur Wertschöpfung des Unternehmens bei.

Authentisches Reden: Der Schuss nach hinten

Manche sehen im modernen CEO einen „Klinsmann für die Wirtschaft“, der es schafft, auch mit Worten seine Mannschaft zur Höchstleistung zu bewegen – ohne Fouls, aber mit mehr Biss als der bei Bayern in Ungnade gefallene frühere WM-Star. Doch was sollen Manager beherzigen, wenn sie mit ihren Worten erfolgreich führen wollen?

Ein oft gehörter Rat von Trainern lautet: nicht verbiegen, sondern authentisch sein. Die Tücke dabei liegt allerdings darin: Um das zu kommunizieren, was man ist, und um so aufzutreten, wie man ist, müssen viele Manager erst einmal an ihrer Person feilen – sonst geht der Schuss mit der Authentizität nach hinten los. Wirklich authentisch sind Manager oft nur, wenn sie in herausfordernden Situationen versagen. Der Rat mit der authentischen Kommunikation sollte deshalb nicht immer vorschnell allzu wörtlich genommen werden. Niemand wird als professionelle Führungskraft geboren. Und niemand wird in einem Seminar „Führen mit Pferden“ dazu gemacht. Neben dem beruflichen Erfolg braucht es jahrelange Arbeit an sich selbst durch Reflexion, Weiterbildung und Training. Am Ende steht dann vielleicht eine gute Antwort auf die Frage: „Warum sollten die Menschen mir eigentlich folgen?“ Die beste Antwort hat allerdings als unbedingte Voraussetzung, dass ich aussehe wie eine Führungskraft und mich auch so zu benehmen weiß.

Tatsächlich wird oft erst das unverblümt authentische Verhalten zum Auslöser von Krisen: „Das sind deutlich unter 50 Millionen Mark. Wir reden hier über Peanuts“, erklärte Hilmar Kopper 1994 als Vorstandsvorsitzender der Deutschen Bank zur Pleite des Immobilienunternehmers Jürgen Schneider. Damit gab Kopper seine innerste Überzeugung kund, und was er sagte, war – bezogen auf die ökonomische Bedeutung der Pleite für die Deutsche Bank – sogar wahr. Angesichts der um ihre Rechnungen geprellten Handwerker war Authentizität hier trotzdem fehl am Platze. Und auch nicht wirklich förderlich für das Image der Deutschen Bank. Hilmar Kopper selber brauchte Jahre, bis er mit diesem Fauxpas souverän umgehen konnte. Dann allerdings ließ er sich für die „Dahinter steckt immer ein kluger Kopf!“-Kampagne der *Frankfurter Allgemeinen Zeitung* auf einem Container voller Erdnüsse fotografieren. Diese Distanz zu seinen Fehlern gelingt manchem zeit seines Lebens nicht. Chapeau!

Auch Josef Ackermann war authentisch mit seinem Lächeln und den Victory-Fingern – doch erkannte er, welche Anforderungen die spezifische Rolle eines Mitangeklagten an ihn stellte im größten Wirtschaftsprozess der Nachkriegsgeschichte? Und als der langjährige frühere Bahnchef Hartmut Mehdorn 2001 erklärte, Bahnfahrten über vier Stunden seien eine Tortur, war er authentisch und hatte sogar recht – doch Zustimmung bekam er trotzdem nicht. Vielleicht auch, weil man vom Chef der Deutschen Bahn erwartet, etwas dagegen zu tun, etwa indem die Züge schneller am Ziel sind und das Reisen bequemer wird. Jeder andere Bahnmitarbeiter hätte für diese Worte wahrscheinlich die Kündigung bekommen. Oder wenigstens hätte man seine Arbeit und sein Umfeld danach sorgfältig überwacht. So paradox es also klingt: Wer authentisch auftreten will, muss an sich arbeiten.

Die wirklich funktionierenden rhetorischen Erfolgsprinzipien liefert für nicht wenige Sprachexperten die Politik. Denn Politiker denken klar von ihrer Zielgruppe ausgehend. So bereiten sie auch ihre Auftritte vor. Das ist Grundlage jeder erfolgreichen politischen Kommunikation. Da besteht durchaus Nachholbedarf für die Manager: Sie denken häufig vom Produkt oder vom sachlichen Argument aus. So kann es dazu kommen, dass sie ihr Publikum enttäuschen. Manager sollten daher immer im Hinterkopf behalten, dass recht haben und recht bekommen zweierlei sind. Recht bekommen sie, wenn sie beim Zuhörer den richtigen Nerv treffen. Und das gelingt mit emotionaler Ansprache, aber eben nicht mit nüchternem Wortgeleier. Noch immer haben emotionale und psychologische Aspekte in der Sprache der Manager zu wenig Platz, die Führungseliten sind immer noch zu sehr vom Denken des Ingenieurs oder des MBA dominiert.

„Ich würde mich freuen, wenn wir einfach nur einmal sachlich über das Thema reden könnten!" In unseren Trainings bekommen wir diesen Satz so oder ähnlich immer wieder zu hören, wenn es etwas härter zur Sache geht bei Präsentationen, Interviews oder Verhandlungen. Je technischer oder zahlenlastiger der Arbeitsplatz des entsprechenden Kunden ist, umso eher. Ein Teil der Arbeit besteht dann immer darin, die wohlbekannte und untrennbare Verbindung von Sach- und Beziehungsebene aufzuzeigen und für die konkrete Situation auszudeuten.

Schiefe Begriffe

Oft ist die Macht einzelner Wörter und der entstehenden Gedankenbilder entscheidend. Es lohnt sich, Schlüsselbegriffe, die verwendet werden sollen, vorher auf ihre sachliche und emotionale Wirkung zu prüfen. Die Politik ist hier kein Vorbild, sondern erzeugt durchaus auch abschreckende Beispiele: Durch Begriffe wie „Ein-Euro-Jobs" ging die Debatte um die Hartz-Reformen auch semantisch verloren. Manager hingegen bevorzugen Sprachelemente mit Analogien aus anderen Lebensbereichen. Da wird bei den Kosten „auf die Bremse getreten" und mit neuen Produkten „in die Offensive gegangen". Doch Metaphern werden nicht immer sinnvoll verwendet. Bei Veränderungsprozessen etwa irritiert es, wenn vom „Haus", also vom Bau, Umbau, Ausbau, gesprochen wird. Denn ein Haus ist irgendwann fertig, der Veränderungsprozess aber ist inzwischen eine Konstante. Beim „Haus" stimmt also vielleicht die emotionale Bedeutung des Wortes (Konnotation), weil Menschen in der Regel mit einem Haus angenehme Gedanken verknüpfen. Doch die inhaltliche Bedeutung (Denotation) ist im Zusammenhang mit Change-Prozessen schief. Damit das Unternehmen im Dauer-Change nicht auch sprachlich zur unbewohnbaren Dauerbaustelle wird, empfiehlt der Sprachexperte als Metaphorik den „Weg". Insgesamt gilt es, Konnotation und Denotation in einer Rede stimmig zu kombinieren.

Worin besteht der rhetorische Hauptunterschied zwischen Wirtschaft und Politik? Politiker haben meist gelernt zu reden, wenn sie eine gewisse Stufe im System erreicht haben. Menschen mit Worten zu überzeugen ist ihr täglich Brot. Kommen sie dann auch an die Macht, geht es ans Analysieren, Entscheiden und Umsetzen. Man nennt das auch managen – hier tun sich Politiker mitunter erkennbar schwer. Manager haben im Gegenzug dazu meist gelernt zu entscheiden und durchzusetzen. Bekommen sie die Verantwortung für ein Unternehmen, geht es darum, Menschen mit Worten zu überzeugen. Man nennt das auch kommunizieren – hier tun sich die Manager mitunter erkennbar schwer. Wenn sie reden, tragen sie zu oft ihre Manuskripte mechanisch vor, selten in einer Form, die an eine mitreißende Rede erinnert.

Wer hierzulande für US-amerikanische Unternehmen arbeitet, sollte sich im Storytelling üben. Denn US-Manager nutzen vor allem narrative Techniken und persönliche Erlebnisse, die sie in ihre Ansprachen und Präsentationen einbauen. Was im US-Kontext wirkt, klingt für mitteleuropäische Ohren allerdings oft zu pathetisch. Das amerikanische Pathos für Motivation und Vertrauen wird hier als übertriebene Show empfunden. Dies musste 2006 der US-Konzern Wal-Mart erfahren, der zwar Morgenappelle und rituelle Kampfrufe mit nach Deutschland brachte, aber an der Kommunikation mit seinen Mitarbeitern schon früh scheiterte: Bereits der erste Deutschland-Chef sprach kein Wort Deutsch.

Einer, der mit seiner Sprache und seinem Tun überzeugt, ist Dieter Zetsche, der Chef von Daimler. Er verordnete den Mitarbeitern einen harten Sparkurs, den sein Vorgänger Schrempp vermied. Dass der Sanierer trotz der bitteren Pillen eine sehr hohe Glaubwürdigkeit genießt, hat vielleicht einen einfachen Grund: Weil er dort präsent ist, wo es brennt, weil er erklärt und erläutert, weil er mit eigenem Beispiel vorangeht. Welcher Techniken man sich auch immer in der Kommunikation bedient – eines ist klar: Wer führt, darf nicht nur mit Worten, er muss auch mit Taten überzeugen. Und beides muss zusammenpassen, sonst ist es mit der Glaubwürdigkeit dahin. Das heißt auch: Wer öffentlich Wasser predigt und heimlich Wein trinkt, wer hier Lohnkürzungen verkündet und dort Aktienoptionen beschließt, muss sich nicht wundern, wenn seine Worte an den Mitarbeitern abperlen.

Reden lernt man nun einmal am besten durch reden. Doch wer selbst noch wenig Gelegenheit hatte, vor Publikum eine Rede zu halten, orientiert sich zwangläufig an Vorbildern aus den Medien – oder aus seinem Umfeld, etwa Unternehmen, die man kennt oder für die man selbst tätig ist. Dort finden sich allerdings auch häufig schlechte Vorbilder. An diesen sollten Sie sich nur ein Beispiel nehmen, um aus deren Fehlern zu lernen. Vorstände und Chefs großer Unternehmen können gute Firmenlenker sein – gute Redner sind sie nicht immer in gleichem Maße. Und gute Redenschreiber schon gar nicht. Viele von denen, die eine Rede halten, entwerfen und schreiben sie nicht selbst. Es gibt jemanden, der das für sie macht. Wie die betreffende Person dazu kam und wie gut sie es kann, ist ein eigenes Thema. Professionelle Redenschreiber wissen nur zu gut, dass sie bei einer schlecht aufgenommenen Rede die Verantwortung zugewiesen bekommen, eine gute Rede jedoch ganz allein dem Geschick des Redners zugeschrieben wird. Dies ist Teil des Geschäfts, und es ist sogar legitim: Denn von wem auch immer die Vorlage zu einer Rede stammt – für die Dauer der Rede ist es ausschließlich der Redner, der sein rhetorisches Schicksal in der Hand hält.

Der Dichter wird geboren, aber der Redner wird gemacht – diese Worte Ciceros (poeta nascitur, orator fit) gelten bis heute. Und es ist interessant, dass man offenbar selbst im Vatikan über die Wirkung und die gute Vorbereitung dafür diskutiert. Das zeigte ein Gespräch der Tageszeitung *Welt* mit Pater Eberhard von Gemmingen, der bei Radio Vatikan die deutschsprachige Redaktion leitet. Anlass war die Amtseinführung des US-Präsidenten Barack Obama im Januar 2009. Pater von Gemmingen umriss dabei in einer Passage das ganze Thema: „Sag es so, dass es die Leute gleich verstehen. Yes, we can! Und der Papst sowieso. Er kann und soll natürlich nicht so reden und sein wie Barack Obama. Aber nichts hindert ihn daran, sich Redenschreiber zu nehmen, die ihm seine Texte etwas herunterbrechen und gewisse Dinge wiederholen, dass sie sich besser einprägen. Das sollte er übernehmen. Nicht dass er seine Texte liberalisieren oder gar – Gott behüte – verfälschen oder verdummen lassen sollte. Doch was er heute sagt – der doch selbst ein so faszinierend großer freier Redner ist –, ist immer nur ein geschriebener Text, der ganz anders strukturiert ist als eine freie Rede. Das müsste und dürfte nicht sein.“ Eine bemerkenswerte Aussage, die auch für Manager und Führungskräfte ihre Bedeutung hat.

Trügerische Zahlensicherheit

Bei einer Rede kann der Zuhörer nicht umblättern wie ein Zeitungsleser oder weiterschalten wie ein Fernsehzuschauer. Er muss bleiben bis zum bitteren Ende. Ob er wirklich zuhört und der Argumentation folgt, das ist eine andere Frage. Obwohl es bei Reden um Worte geht, um deren Eindruck und die Gefühle beim Hörer, nehmen Zahlen in vielen Reden eine erstaunlich zentrale Position ein. Der Grundgedanke ist einfach: Oft genug geben Zahlen den Anschein, dass alles in Ordnung ist oder dass der Redner zumindest weiß, worum es geht. Daher werden Zahlen mit Vorliebe aneinandergereiht, bis auch der Letzte im Saal die Übersicht verloren hat. Zahlen überzeugen auf dem Kontoauszug, in einer Kurzbilanz auf einer Seite neben den Vorjahreszahlen – doch auf dem Weg vom Manuskript zum Ohr der Zuhörer verlieren Zahlen ihre Überzeugungskraft und werden zu rhetorischem Lametta.

Wir machen mit unseren Teilnehmern häufig eine Übung zum Erinnern von kurzen Hörtexten. Von einem Text (Vorlesezeit etwa zwei Minuten) mit einer ganzen Reihe von Zahlen, Orten, Namen und Beispielen bleiben nach kurzer Zeit und zwei- bis dreimaligem Weitererzählen selten mehr als vier bis sechs Angaben, und davon sind meist zwei bis drei verkehrt erinnert. Den Test können Sie auch selber machen: Hören Sie sich zur vollen Stunde die Nachrichten im Radio an. Nehmen Sie einen Qualitätssender, dann gibt es etwa vier Minuten Info, beim Deutschlandfunk auch die doppelte Zeit. Notieren Sie sich nach etwa 30 Minuten, an was Sie sich noch erinnern, und vergleichen Sie das mit den Nachrichten zur nächsten vollen Stunde – Sie werden überrascht sein, wie wenig bleibt. Und die meisten Präsentationen oder Reden dauern 20 bis

30 Minuten oder sogar noch länger. Hier gilt eindeutig: Weniger ist mehr!

Hörverstehen, schlechte Wortwahl und Grammatik

Gerade bei Sätzen, die sich zu Bandwürmern auswachsen, möchte man oft genug nur noch eins tun: einfach gehen. Niemand kann Sätzen folgen, bei denen sich am Ende kein Bezug mehr zum Anfang herstellen lässt. Mark Twain vergleicht diese verlockende und verheerende Eigenschaft der deutschen Sprache mit einem Schwimmer, der mit dem ersten Teil des Verbs zu Beginn des Satzes in den Fluss springt und eine lange Strecke taucht. Am anderen Ufer kommt er dann mit dem zweiten Teil des Verbs wie mit einem erbeuteten Fisch wieder an die Oberfläche.

Substantivierte Verben hingegen lassen jede elastische Rede verholzen und gereichen selbst guten Rednern zum Nachteil. Substantivierte Verben sind rhetorisches Falschgeld, und wie beim tatsächlich falschen Geld ist eindeutig zu viel davon im Umlauf. Vielleicht hilft nur noch eine Steuer auf „-ung" zur Vermeidung der Fortsetzung der Substantivierung? Und könnten Sie sich vorstellen, dass Ihre Rede ohne überflüssige Konjunktive besser klingen würde? Dürften wir Sie dann darum bitten, wenn Sie sich trauen könnten, darauf zu verzichten? Sie merken an diesem Beispiel: Konjunktive sind vage und unbestimmt. Die direkte Rede ist zwingender, motiviert stärker und ist aktiver. Nutzen Sie Konjunktive also bitte nur dort, wo der Sachverhalt tatsächlich unbestimmt ist. Anders als im Englischen ist der Konjunktiv im Deutschen nicht höflich, sondern eben wirklich bloß der Ausdruck von Unsicherheit. Das Gleiche gilt für abschwächende Formulierungen wie „vielleicht", „eigentlich" und dergleichen mehr. Sie haben durchaus ihren Platz in unserer Sprache, aber eben nur selektiv und nur dort, wo sie vom Sinn her unbedingt hingehören.

Sie können auch etwas gegen Ihre „Ähs", „Öhs", „Alsos" und andere überflüssige Füllsel tun. Es sei denn, diese gehören zu Ihrem „äh" persönlichen „äh" Stil wie bei einem der bekanntesten deutschen Sportler. Das gilt auch für Sprachmarotten, die sich im Lauf der Zeit einschleichen. Das sind bestimmte – oft antiquierte – Wörter („tipptopp", „okey-dokey"), Redewendungen („will sagen ...") und so weiter. Helfen Sie sich so: Zählen Sie solche Wörter und Wortschnipsel, bevor es das Publikum tut. Oft merken Sie erst dadurch, wie häufig Sie diese tatsächlich benutzen. Das geht besonders gut, wenn Sie Ihre Redebeiträge auf Band aufnehmen und im Nachhinein analysieren. Sie können dann versuchen, in den folgenden Probeläufen konsequent auf diese Wörter zu verzichten. Feilen Sie an einzelnen Texten, bis es wirklich „ohne" klappt.

Auch vor dem beliebten Bullshit-Bingo sollten Sie sich hüten, denn es ist in Wirklichkeit ein Witz. Es geht zurück auf die Urmutter aller Phrasendreschmaschinen, den Nonsens-Generator von Philip Broughton. 1968 brachte das Magazin *Newsweek* eine kurze, aber recht komische Geschichte „How to Win at Wordsmanship". Darin wurde der Systematic Buzz Phrase Generator vorgestellt, eine Idee des damals 63-jährigen Broughton, der beim amerikanischen Public Health Service arbeitete. Broughton verwendete drei Spalten mit insgesamt 30 wohlgewählten, halbwegs sinnentleerten Wörtern, die durch ihre Zwangsehe mittels Zufallsgenerator zu beeindruckend wundersamen Konstruktionen wurden. In Deutschland kennt man Ergebnisse wie die „konstruktive Innovations-Akzeleration“, die „permanente Aktions-Flexibilität“ oder auch die „virulente Identifikations-Problematik“.

Wie man Reden vorbereiten kann

Man hört immer wieder mal von ansonsten gestressten Menschen in verantwortungsvollen Funktionen, die mit Wonne selbst in die Tasten greifen, um eine Rede vorzubereiten. Viel beschäftigte Redner haben aber selten die Zeit, Gelegenheit und Fähigkeit, Reden in Eigenarbeit selbst zu entwerfen und bis zum Manuskript zu vollenden. Die Mehrheit hochkarätiger Reden wird deshalb mithilfe von professionellen Redenschreibern zustande gebracht. Die Begriffe „Redenschreiber“ und „Ghostwriter“ werden von vielen synonym verwendet. Aber auch im angelsächsischen Raum wird zwischen dem „speechwriter“ und dem „ghostwriter“ unterschieden, und das ist wichtig, denn für einen Redner sind sie nicht dasselbe. Der „Ghostwriter“ ist als Begriff erst in der Nachkriegszeit nach Deutschland oder in den deutschen Sprachraum gekommen. Beide erarbeiten Texte, für die in der Öffentlichkeit ein anderer einsteht, meist eine prominente Persönlichkeit. Beim Redenschreiber geht es darum, die Ansichten, Standpunkte und Überzeugungen des Auftraggebers für dessen Reden und öffentliche Aussagen in eine Form zu bringen, damit er diese mit seinen eigenen Ausdrucksmitteln zur Geltung bringen kann. Ein Redenschreiber schreibt nicht seine eigenen Reden, die dann von einem anderen vorgetragen werden. Das ist beim Ghostwriter ähnlich, allerdings wird hier die Ebene der Schriftlichkeit nicht verlassen. Er erstellt anonym Texte, die geschriebene Texte bleiben, für einen Auftraggeber. Ein Ghostwriter schreibt in letzter Konsequenz für eine Zielgruppe, die liest.

Der maßgebliche professionelle wie praktische Unterschied von Ghostwriter und Redenschreiber besteht in der rhetorischen Dimension des gesprochenen Wortes. Auf diese Weise kann der Sprecher seinen Gedanken vor Zuhörern Ausdruck verleihen – in Echtzeit, direkt und unmittelbar oder medial transportiert. Das Ghostwriting ist eher literarischer Natur, das Redenschreiben durch und durch rhetorisch. Es erfordert die Kenntnis der Wirkung des gesprochenen Wortes auf das Publikum. Hierin liegt der wesentliche Unterschied. Ein Redenschreiber richtet sich an ein Publikum, das hört, sieht, erlebt, das dargebotene Geschehen verfolgt und mit der Summe der Sinneseindrücke meist auch sofort urteilt. Es geht um unmittelbare Wirkung. Deshalb sind selbst erstklassige Ghostwriter nicht automatisch dafür qualifiziert, wirkungsvolle Reden zu verfassen. Jemand mit klarem Schreibstil kann ohne Weiteres einen annehmbaren Fachartikel, ein Vorwort oder ein ganzes Buch für eine dritte Person schreiben – mit Reden wird dies nicht so unbedingt gelingen.

Denn der Unterschied zwischen geschriebenen Texten für das gelesene Wort und Textvorlagen für das gehörte Wort ist gewaltig. Wie es unter Redenschreibern heißt: „Eine Schreibe ist keine Rede.“ Und das gilt auch umgekehrt. Um das zu veranschaulichen, nimmt man am besten eine Rede, mit der sich der Redner im wahrsten Sinne um Kopf und Kragen geredet hat: die sogenannte Jenninger-Rede. Analysiert man die Gedenkrede des ehemaligen Bundestagspräsidenten Philipp Jenninger vom 10. November 1988 „aus Anlass der Pogrome des nationalsozialistischen Regimes gegen die jüdische Bevölkerung vor 50 Jahren“, fällt vor allem eines auf: Ihre katastrophale Wirkung beruhte ganz wesentlich darauf, dass der mit zwei Ebenen versehene Redetext die Vortragskunst des Redners überstieg. Ehemaliges nationalsozialistisches Gedankengut sollte „sprachlich in Anführungszeichen" kontrastiert werden mit der heutigen Analyse der NS-Zeit. Und das ging gründlich schief. Wer den Redetext nachliest, erkennt unschwer, dass es einer großen Vortragskunst bedurft hätte, den beabsichtigten Wechsel der Perspektive und Sprachhaltung jeweils eindeutig kenntlich zu machen. Die passende Betonung können Sie Ihrem Text nur geben, wenn Sie ihn wirklich gut kennen.

Redebausteine

Der Redner will verstanden werden, doch nicht nur in rhetorischer Hinsicht, sondern auch inhaltlich. Nicht jede Rede ist daher eine Abenteuerreise, bei der die Zuhörer fragen, auf welchen fremden Kontinent denn heute die Reise geht. Im Gegenteil, es ist durchaus normal, dass ein Redetext bekannte Aussagen oder Standpunkte enthält, die auf aktuelle Aspekte oder das Umfeld der Rede bezogen werden. Vorlage dafür sind Rohtexte als Material. Solche Bausteine können Bestandteile vorheriger Reden sein, oft sind es aber auch Presseerklärungen, Statements im Rahmen von Pressekonferenzen, Grußworte, Artikel, wörtliche Zitate aus Interviews und dergleichen mehr.

Bausteine sind effizient, und sie fördern das Entstehen von Profilen durch das Wiedererkennen bestimmter Positionen in der Rede, die aus anderem Zusammenhang geläufig sind. Aber hüten Sie sich vor Marotten. Der Vorstandsvorsitzende einer großen Lebens- und Sachversicherung erzählte gerne und immer wieder dieselbe Geschichte, wenn es in seiner Rede um „Change“ geht: „Wenn Sie einen Frosch in kochendes Wasser werfen, werden Sie erleben, dass er versucht, schnell wieder herauszukommen. Wenn Sie das Wasser aber langsam erhitzen, werden Sie erleben, dass er sich ohne Widerstand kochen lässt. Genau so müssen wir Veränderungen in Unternehmen durchführen.“ Eine nicht sonderlich geschmackvolle Geschichte, mit wenig Respekt vor den Mitarbeitern (oder wie ist der Vergleich mit einem Frosch zu werten?). Und binnen kurzer Zeit und nach wenigen Ansprachen zum Thema konnte fast jeder im Unternehmen diese Sätze mitbeten – wörtlich. Ob die Story mit dem Frosch überhaupt stimmt, ist zudem fraglich. Es würde nicht überraschen, wenn es eine moderne Wandersage nach der „Spinne in der Yuccapalme“ ist, nur diesmal von Managementberatern in die Welt gesetzt.

Es gibt also auch problematische Textbausteine. Dazu zählen eine Reihe von Ratgebern zum Verfassen von Reden, die mitunter sogar CD-ROMs mit allerhand Textbausteinen enthalten. Die Gefahr liegt auf der Hand: unpersönliche „Vordruck“-Reden, die von Zuhörern schnell als solche erkannt werden.

Es führt kein Weg daran vorbei: Eine Rede vorzubereiten heißt, eigene Gedanken in saubere Sätze zu bringen. Diese enthalten Subjekt, Prädikat und Objekt – und nach Möglichkeit nicht mehr als etwa 15 Wörter pro Satz. Klar strukturierte Sätze sind das Ziel, Schachtelsätze sollten vermieden, Adjektive eher sparsam verwendet werden. Nutzen Sie Verben, das drückt Energie und Tatkraft aus.

Fremdwörter und eingebürgerte Begriffe aus dem Englischen sind Sache der Werbetexter – wer als Redner verstanden werden will, sollte hier den Fuß vom Gas nehmen. Auch Zahlen müssen in Worte und Bilder gefasst oder in solche verwandelt werden. Unter „zwei Drittel“ kann sich jeder etwas vorstellen, und sei es ein angeschnittener Kuchen, bei dem ein Drittel fehlt – bei „66 Prozent“ ist schon wieder Kopfrechnen und damit Ablenkung vom Redner im Spiel. Kommastellen interessieren niemanden, der den Grundgedanken verstehen soll – es ist etwas anderes, ob Sie sagen: „Rund 3 500 Menschen sind für uns tätig“ oder „Die Belegschaft umfasst aktuell 3 478 Mitarbeiter.“

Das Manuskript

Ohne Vorbereitung steigen selbst Profiredner nicht in den Ring. Manuskripte nehmen die Zufälligkeit, das Schicksalhafte der Redesituation. Denn: Reden sind zwar für den Zuhörer per se unberechenbar – für den Redner sollten sie es auf keinen Fall sein! Ein gutes Redemanuskript hat daher seinen Sinn. Kernziel des Manuskripts ist die bestmögliche Unterstützung des sicheren Vortrags. Dies wird möglich, wenn der Redner in wenigen Augenblicken den Redetext einer Seite oder wichtige Stichworte schnell erfassen kann, um sie dann wirkungsvoll vorzutragen. Das Manuskript ist dazu da, dass sich der Redner des Inhalts sicher sein kann. Dann kann er auch sicher sprechen. Vorbereitete Redemanuskripte sind keine „Stützrädchen“ oder „Rettungsringe“ – sie sind, um das Bild aufzugreifen, das Fahrrad oder das Schiff, mit dem Sie sicher zum Publikum kommen.

Es zeugt daher auch von wenig Ahnung der rednerischen Wirklichkeit, Rednern mit Manuskript die Fähigkeit zur freien Rede abzusprechen. Man übersieht dabei, dass alle guten Reden gewissenhaft vorbereitet worden sind. Selbst flammende Redner mit viel Erfahrung manchen sich vorher ausreichend Gedanken darüber, was sie wie sagen wollen. Auf das Manuskript zu verzichten ist mitunter nur ein Trick – sparsam verwendet, funktioniert er sogar. Selbst Gerhard Schröder übernahm den alten Trick, bei bestimmten Reden zu Beginn das Manuskript mit der Bemerkung auf das Pult zu legen, jetzt wolle er mal beiseitelassen, was seine Redenschreiber ihm dazu aufgeschrieben hätten – um dann nach einer Einleitung genau diese vorbereitete Rede zu halten. Bei vielen souveränen Rednern gibt es kaum spontane Zufälle, dafür umso mehr professionelle Vorbereitung und unbedingte Ausrichtung darauf hin, dass man als Redner überzeugend ist und wirkt.

Achten Sie auf scheinbare Kleinigkeiten, denn diese können im Ernstfall alles entscheiden. Es sind genügend Fälle bekannt, bei denen Kleinigkeiten den großen Wurf kläglich scheitern ließen. Etwa Manuskripte, die normal aussehen, aber ab der fünften Seite immer bleicher werden und wenige Seiten vor Redeschluss völlig unleserlich sind – fehlender Toner oder Tinte und fehlende eigene Endkontrolle haben schon manchen Redner ins Schwitzen gebracht. Und Sie sollten immer, wirklich immer, zwei Exemplare des Manuskripts der Rede mit sich führen, am besten separat verstaut. Viel öfter, als Sie glauben, sind nämlich Manuskripte im entscheidenden Moment einfach nicht da, wo sie sein sollten – beim Redner.

Das Wort führen – und das Publikum

So wichtig uns bei einer Rede die Worte vorkommen – die Wirkung einer Rede wird nur zum kleinen Teil von den Formulierungen und Aussagen bestimmt. Denn Reden sprechen nicht nur die Ratio an, sondern auch Augen und Ohren. Neben der Rhetorik sind vor allem Gestik und Mimik von Bedeutung dafür, wie Redner und Rede ankommen. Reden und Gesten, Sprache und Bilder schließen sich nicht aus, sondern bedingen sich gegenseitig zum Erfolg.

Eine Rede wird zwar gehört, aber der Redner wird zuerst gesehen. Vor der Bewegung fällt die Kleidung ins Auge – hier gelten alle Punkte zur angemessenen Bekleidung vor Publikum, die wir an anderer Stelle in diesem Buch formuliert haben. Neben den Worten wird beurteilt, wie er wirkt, sich gibt und sich bewegt. Die Körpersprache soll hier die rhetorische Aktivität unterstützen, nicht konterkarieren. Wer von einer „Politik der ruhigen Hand" redet und dabei selbst am Pult unruhig wirkt, weckt Irritationen. Sie müssen nicht stocksteif stehen, doch sollte ein Wechsel von Standbein und Spielbein nicht alle zehn Sekunden vorgenommen werden. Wenn Sie sich „freuen, die Zuhörer zu begrüßen", dann sollten Sie diese Worte auch mit einer öffnenden Geste begleiten. Und Sie dürfen dabei lächeln.

Wir stellen leider immer wieder fest, dass es offensichtlich den Männern in unserer Klientel Schwierigkeiten bereitet, zu lächeln. Manche hegen scheinbar die Befürchtung, dass Ihnen ein Lächeln als Schwäche ausgelegt werden könnte. Weit gefehlt! Und es gibt so viele Gründe für einen freundlichen Gesichtsausdruck: All diese Menschen sind gekommen, um Ihnen zuzuhören, Sie sind gut vorbereitet, Sie freuen sich über Ihre Zuhörer und die Gelegenheit, auf Ihr Anliegen aufmerksam zu machen und überhaupt – heute ist ein schöner Tag. Lächeln Sie! Dann klappts auch mit dem Beifall!

Vor allem die Hände des Redners wecken Aufmerksamkeit und ziehen den Blick auf sich. Mit den Händen kommt Bewegung in die Rede, doch es gilt auch hier, auf den Tacho zu schauen. Zielsichere, die wichtigen Aussagen unterstreichende Handbewegungen bringen den redenden Menschen und sein Wort leichter zusammen als ungerührte Hände, die bleischwer auf dem Pult lasten oder, optisch noch schlimmer, den Oberkörper nach vorn abstützen, als ob der Redner ohne Pult den Halt verlieren würde. Auch das Setting, das Umfeld der Rede, kann einen erheblichen Einfluss darauf haben, wie Ihre Worte ankommen. Beleuchtung, Raumgröße, Standort des Podiums sind bekannte Faktoren. Es gibt aber genauso unvorhergesehene Einflüsse wie das Klappern von Geschirr oder den verlockenden Duft von frisch zubereitetem Essen. Hier hat der Redner fast keine Chance mehr und sollte die nächstmögliche Abfahrt nehmen.

Doch zuerst einmal müssen Sie in die Arena: Für den Auftritt zu Beginn der Rede gilt die einfache Regel, dass es besser ist, wenn das Publikum auf den Redner wartet als umgekehrt. Sicheren, gemessenen Schrittes betreten Sie anschließend die Bühne. Da es immer etwas bemüht klingt, wenn man sich selbst vorstellen muss, sollte diese Quelle möglicher Peinlichkeiten einfach ausgeräumt werden – indem Sie sich kurz, aber angemessen vorstellen lassen durch den Veranstalter oder den Gastgeber. Sind Sie dem Publikum nicht bereits gut bekannt, ist es hilfreich, nicht dem armen Gastgeber allein die Verantwortung für seine Worte über ihre Person zu überlassen. Auch wenn man es vorher abspricht, kommt immer noch der Gedächtnisfaktor hinzu. Und weil eine verkorkste Vorstellung ein schlechter Steigbügel für ihre Rede ist, baut man hier einfach vor. Profis haben für solche Fälle einen kleinen Zettel oder eine Karteikarte mit Stichpunkten zur eigenen Person dabei, die leicht verdeutlichen, warum gerade Sie ausgewählt wurden, jetzt zu sprechen. Und diese Karteikarte überreichen Sie der Person, die Sie vorstellen wird.

Wenn Sie vorne stehen, wird der Blickkontakt als Signal der Aufmerksamkeit und der Wertschätzung empfunden. Diese Erfahrung hat jeder schon einmal gemacht. Wollen Sie negative Interpretationen vermeiden? Dann schauen Sie Ihr Publikum an. Denn bei fehlendem Blickkontakt denken die Zuhörer schnell: Der oder die Vortragende ist arrogant, unsicher, ängstlich oder leidet gar unter einem Minderwertigkeitskomplex. Fehlender Blickkontakt lässt Spielraum für negative Gedanken. Clevere Redekünstler bauen eine emotionale Brücke zum Publikum. Solange die Zuhörer den Blickkontakt erwidern, bleiben sie wach und aufmerksam. Und Sie als Redner haben die Gelegenheit, Reaktionen wie Ablehnung, Langeweile oder Zustimmung früh beim Auditorium zu erkennen.

Vermeiden Sie es daher auch in Phasen der Konzentration, den Blick zu senken oder ihn zu weit vom Publikum zu entfernen. Wenn ein Teilnehmer eine Frage stellt oder einen Diskussionsbeitrag einbringt, können Sie ihn währenddessen anschauen. Bei Ihrer Antwort sehen Sie diesen Teilnehmer und auch die übrigen Zuhörer an. Jeder muss subjektiv das Gefühl haben, wichtig zu sein. Psychologische Untersuchungen zeigen, dass erfolgreiche Vortragende aus zwei Gründen vertrauenswürdiger erscheinen: Sie zeigen häufiger einen freundlichen Gesichtsausdruck und halten öfter Blickkontakt zu ihren Zuhörern als ihre weniger erfolgreichen Konkurrenten.

Und dann sprechen Sie. Und haben dabei im Hinterkopf, dass Stimme und Stimmung untrennbar zusammenhängen. Tonhöhe, Timbre, Lautstärke, sprachliche Deutlichkeit und Sprechgeschwindigkeit entscheiden über das, was wir hören, und oft auch, ob und wie wir zuhören. Viele Redner sprechen am Anfang aus Unsicherheit zu hastig – und lassen das Publikum gedanklich schnell aussteigen. Die Gefahr, dass Ihre Zuhörer nicht mehr „zuhören", nimmt in der Regel mit höherer Sprechgeschwindigkeit zu. Wer hingegen langsam und moduliert spricht, verschluckt auch keine Silben und vermag es, an den richtigen Stellen zu betonen. Hier ist Abwechslung ausschlaggebend.

Gute Redner setzen vor allem drei rhetorische Stilmittel ein, um ihre Zuhörer zu fesseln: stimmliche Modulation, wechselndes Sprechtempo und Pausen an den richtigen Stellen. Bewährt hat sich ein eher mäßiges Grundtempo. Es ist schwer, sein normales Sprechtempo zu verändern, gleichwohl sollten Sie anstreben, weder zu schnell noch zu langsam zu sprechen. Damit machen Sie es Ihren Zuhörern leichter, die Inhalte aufzunehmen und zu verarbeiten. Gute Redner benutzen ergänzende Techniken, um den Zuhörern Hinweise zu geben, wie sie die präsentierten Inhalte am besten verarbeiten. Um besonders wichtige Stellen zu markieren, sprechen sie nicht nur langsamer, sondern auch lauter oder leiser. Kurze Pausen davor und danach erhöhen das Gewicht einer Aussage beträchtlich.

Merkliste: Als Redner überzeugen

Die wichtigste Frage ist daher: Wie überzeuge ich als Redner? Wir haben für Sie zehn relevante Punkte in einer kleinen Merkliste zusammengestellt:

- Aufmerksamkeit wecken, selbstbewusst und offen auftreten.
- Zeigen Sie mit Ihrer Körpersprache, dass Sie von Ihren Aussagen überzeugt sind.
- Schauen Sie Ihren Zuhörern in die Augen.
- Verstecken Sie sich nicht hinter einem Rednerpult, das Ihnen die Wirkung nimmt, sondern nutzen Sie wann immer möglich die Bühne.
- Finden Sie einen positiven und gerne überraschenden Einstieg in den Vortrag. Betonen Sie Gemeinsamkeiten.
- Führen Sie kurz und eindeutig in das Thema/die Problemstellung. Sagen Sie kurz und knapp, worum es geht.
- Nennen Sie Argumente und begründen Sie diese. Drei oder maximal fünf Argumente sind ausreichend – und gerade hier gilt: Weniger ist mehr!
- Fordern Sie zur Aktivität, zum Mitdenken oder zum Dialog auf. Nur passive Zuhörer sind weniger aufmerksam.
- Werfen Sie Ihre Persönlichkeit in die Waagschale. Schaffen Sie Glaubwürdigkeit und Gemeinsamkeit, indem Sie auch persönliche Meinungen formulieren.
- Fordern Sie zur Handlung auf – lassen Sie die Menschen aktiv werden, kommen Sie zu einem Ergebnis.

Vorsicht beim Einstieg: Stoßen Sie das Publikum nicht allzu sehr vor den Kopf. Man erwartet dann eine Eskalation, und niemand lässt sich gerne sagen, was man alles falsch macht. Wenn Sie Krach schlagen wollen, dann am Schluss der Rede – man hört Ihnen zu, die Erregung wird nach der Rede nach draußen zur Fortsetzung getragen. Bevor Sie jetzt verunsichert sind: Es kann Ihnen nichts Besseres passieren, wenn Sie einen Treffer landen wollen.

Perfekt müssen Sie dabei gar nicht sein. Selbst ein bewunderter Redner wie Barack Obama verhaspelte sich ausgerechnet bei der Vereidigung zum 44. Präsidenten der USA im Januar 2009, und das vor den Augen der ganzen Welt. Doch die Menschen sahen gerade dadurch, dass auch er nur ein Mensch ist. Und das machte ihn für viele noch sympathischer. Im übertragenen Sinne gilt das auch für Sie. Also keine Angst vor kleinen Fehlern – der größere Fehler ist, es gar nicht erst zu versuchen.

Feedback und Nachbereitung

Ob Rede, Vortrag oder Präsentation, stets gilt die Regel des ersten Fußball-Nationaltrainers Sepp Herberger: Nach dem Spiel ist vor dem Spiel. Deshalb ist Feedback das A und O für Redner. Mit professioneller Nachbereitung lässt sich der Grundstein für künftige erfolgreiche Reden legen. Daher sollte man sich eine Woche nach der Veranstaltung, wenn wieder Ruhe eingekehrt ist, mit dem Veranstalter oder den Personen, die eingeladen haben, noch einmal in Verbindung setzen. Dann wird meist offener und abgewogener über die Eindrücke der Veranstaltung gesprochen, und man bekommt damit ein ehrlicheres Lob, aber auch hilfreichere Kritik und Anregungen als unmittelbar nach Verlassen der Bühne. Nicht nur einzelne Reden sollten durch Feedbacks ausgewertet werden. Es hat sich als sinnvoll herausgestellt, den Blick zu weiten. Wo liegen Themen und Trends, die künftig zum Redeinhalt oder wichtigen Punkt werden können? Dabei kann es unerwartet aufschlussreich sein, sich mit Reden und Vorträgen „der Konkurrenz" zu beschäftigen. Dass dies in der Politik und in großen Institutionen an der Tagesordnung ist, hat seinen guten Grund: Man lernt daraus. Das sollte auch für Sie ein Anreiz sein, sich diese Arbeit zu machen. Denn gute Wirkung und ein souveräner Auftritt nutzen vor allem einer Person: Ihnen selbst.

Das sollte es Ihnen wert sein.

8

MEDIENKONTAKT

Mensch und Meinung

Helmut Kohl ist inzwischen ein „Elder Statesman“, dessen Verdienste sogar von seinem gelehrigsten Schüler Joschka Fischer ausgiebig gelobt werden. Dass Kohl im Jahr 2003 aber auch mit damals 73 noch keineswegs altersmilde gestimmt war, merkte der Reporter des ARD-Magazins „Panorama“ gleich zu Beginn. Stephan Stuchlik wollte wissen, wofür Kohl 1999 vom Medienunternehmer Leo Kirch einen Beratervertrag erhalten hatte, der mit 600 000 Mark pro Jahr vergütet wurde.

Stuchlik: Herr Dr. Kohl. Guten Tag. Stuchlik, „Panorama“, eine Frage: Wofür haben Sie die Gelder von Herrn Kirch bekommen?
Kohl: Ich habe überhaupt nicht die Absicht mit Ihnen ’n Interview zu machen.
Stuchlik: Warum nicht?
Kohl: Sie sind doch von „Panorama“.
Stuchlik: Ja.
Kohl: Wissen se doch, was das heißt. Sie haben doch mit Journalismus nix zu tun.
Stuchlik: Aber wofür haben Sie denn …?
Kohl: Aber Mensch, hörn Sie doch auf.
Stuchlik: Für welche Tätigkeiten haben Sie denn die Gelder bekommen?

Kohl: Damit ich Ihr Gesicht betrachte – und das reicht mir.

Ein spontaner, authentischer, schlagfertiger Auftritt – aber souverän sieht doch wohl anders aus bei einer Frage, die bis heute unbeantwortet ist. Wie man souverän auftritt, obwohl man auf den Interviewer ziemlich sauer ist, und dennoch die Lacher auf seiner Seite hat, zeigte ein anderer Bundeskanzler, nämlich Willy Brandt:

Friedrich Nowottny: „War die Währungsfrage, die ungelöste europäische Währungsfrage das schwierigste Problem dieser Konsultationen?"
Willy Brandt: „Ja."
Nowottny: „Sie haben dem Präsidenten von unserer Seite aus keine Lösung mit auf den Rückweg geben können?"
Brandt: „Doch."
Nowottny: „Haben Sie ihm die Termine genannt, die so wichtig sind – die Termine der Festlegung des Wechselkurses der D-Mark?"
Brandt: „Nein."
Nowottny: „Sie sind sicher, dass er trotzdem befriedigt war?"
Brandt: „Ja."

Dieses „Tagesschau"-Interview von 1971 wurde legendär, weil Willy Brandt seinen Interviewer Friedrich Nowottny gnadenlos auflaufen ließ. Brandt hatte den französischen Staatspräsidenten Pompidou zu Besuch für die ersten deutsch-französischen Konsultationen. Und er war besonders stolz darauf, dass sie in Bonn stattfanden. Doch kurz vor dem Interview bat Nowottny darum, dass der Bundeskanzler bitte nur kurze Antworten geben möge, weil die Sendezeit zu knapp sei. Das verdarb Brandt offenbar so sehr die Laune, dass er dem bekannten Interviewer zeigte, wie es sich anfühlt, wenn ein Staatsmann richtig kurz antwortet. Beiden hat dieses kleine Machtspiel vor laufender Kamera nicht geschadet: Brandt ist noch heute der beliebteste Kanzler der Deutschen, Nowottny wurde später Intendant des Westdeutschen Rundfunks WDR, einer der größten Sendeanstalten Europas.

Warum fragen die immer den?

Zum Medienkontakt werden nicht nur Kanzler und Vorstandsvorsitzende herangezogen. Im Bereich der Wirtschaft und der Politik sind es oft genug auch Experten oder Berater, Wissenschaftler oder Künstler. Auch Mitarbeiterinnen und Mitarbeiter der mittleren Ebene von Unternehmen oder Organisationen sind zunehmend gefragt. Journalisten interessieren sich oft für Aussagen von Menschen, die direkt mit einem Vorgang betraut sind und viel authentischer zu bestimmten Fragen Auskunft geben können, als ein Pressesprecher dies vermag. Und auch die Pressesprecher wissen, dass sie nicht für jeden O-Ton die richtige Adresse sind, um den Wünschen von Journalisten entgegenzukommen. In der Konsequenz bedeutet es für Sie, dass auch Sie Medienkontakte haben können. Denn nicht nur Prominente brauchen viel Aufmerksamkeit in den Medien. Sie leben von hohen Einschaltquoten oder Besucherzahlen. Und die Präsenz in den Medien von Print bis zur Talkshow ist eine wichtige Voraussetzung für Prominenz. Und ein wenig betrifft es auch uns: Mit dem Drang nach Publicity haben wir uns infiziert, wenn wir uns fragen, warum die Zeitung schon wieder einen

Mitarbeiter eines Konkurrenzunternehmens zum Thema befragt hat. Und das, obwohl wir doch viel besser Bescheid über dieses Thema wissen als dieser.

Bei der bevorzugten Klientel für Journalisten finden sich häufig wiederkehrende Merkmale, die die Zusammenarbeit einfach und nutzbringend machen. Zwei gewichtige Gründe sind es: Sie sind „verfügbar", wenn man sie braucht, und sie geben Auskunft zu dem Thema, zu dem sie befragt werden. Wenn Medien Ergebnisse produzieren müssen, sind diese Leute ein Teil ihrer Zulieferer und Dienstleister. Und wenn es in der Vergangenheit oder bei anderen Kollegen erkennbar gut und problemlos geklappt hat, dann liegt es nahe, sie auch in Zukunft wieder heranzuziehen. Ob die Betreffenden sich bereits vertiefend mit dem Thema auseinandergesetzt haben, ist leider meist sekundär.

Medien suchen nicht immer lange nach dem einzig richtigen Ansprechpartner für ein Thema, sondern nach demjenigen, der ihnen helfen kann, ihr Problem in der Produktion eines Beitrags zu lösen. Wenn Sie dazugehören wollen, dann hilft ein Blick auf die Kniffe der Medienpräsenz:

Erreichbarkeit: möglichst direkt und umgehend.

Statements: Kurze prägnante Aussagen zum Thema – pointiert geht vor fundiert.

Persönlicher Stil: Sind Sie interessant? Etwas ungewöhnlich und originell?

Image: Bieten Sie eine menschliche Marke, ein klares Bild mit Konturen, einen Standpunkt.

Es gibt viele Markenzeichen, die eine mediale Wirkung erzielen – wählen Sie dasjenige, das am besten zu Ihnen passen könnte und das Sie auch durchhalten. Wenn Ihnen die Vorstellung von sich selbst als Markenprodukt nicht ganz zugänglich ist, liegt es vielleicht am Begriff. Doch Marken sind eine gute Sache: Sie erleichtern Unterscheidung und lassen Merkmale der Persönlichkeit hervortreten.

Zu der folgenden kleinen Aufzählung fällt Ihnen wahrscheinlich jeweils auch ein bekanntes Beispiel mit dem dazu passenden Namen ein, sei es aus der Politik oder jemand aus Ihrem persönlichen oder beruflichen Umfeld: Zum Beispiel der Trendsetter, der jetzt schon nutzt, was noch keiner hat. Oder der Senior, der schon alles erlebt hat und viele der handelnden Personen persönlich kennt und vieles selbst miterlebt hat. Stets gefragt ist auch der Querdenker, der stets eine ungewöhnliche Sichtweise hat. Der Menschelnde, der in Worte fassen kann, was alle fühlen und denken, darf auch nicht fehlen. Zum Resümee braucht man Statements des Nachdenklichen, der stets die Folgen eher im Blick hat als andere. Oder der Netzwerker, der alle und jeden kennt und daher weiß, was abläuft. Welche menschliche Marke Sie für sich bilden und führen wollen, hängt von dem ab, wofür Sie stehen und was Sie erreichen wollen. Was auch immer Sie jedoch für sich annehmen wollen – Hauptsache ist, Sie unterscheiden sich vom großen Rest.

Medienkontakt: Nicht immer Sonnenschein

Doch Medien können auch anders. Denn es gibt nicht nur diese Sonnenseite bei Medien und Medienschaffenden. Auch im Umfeld Ihres Berufes kennen Sie Menschen, bei denen Sie Ihre Finger nachzählen, nachdem Sie ihnen die Hand gegeben haben. Seriosität und Schlitzohrigkeit sind mitunter Wesenszüge, die Sie bei der gleichen Person erkennen – aber leider oft nicht gleichzeitig. Und Journalisten leben natürlich auch von den „bad news“, von Missständen, von kleinen und großen Skandalen. Ob es sich um einen misslungenen Heiratsantrag von Dominique in der Sendung „Britt“ auf Sat.1 handelt oder um die Durchsuchung der Villa von Klaus Zumwinkel – immer nimmt die Öffentlichkeit Anteil an den Dingen, die die Hauptpersonen dann vielleicht doch lieber für sich behalten hätten. Prominente neigen dann dazu, sich zu beschweren, oder bemühen gleich den Anwalt. Da schimpfte Klaus Zumwinkel nach dem Schuldspruch wegen Steuerhinterziehung über die „mediale Hinrichtung“, und selbst der Papst beschwerte sich über die Presseresonanz auf die Aufhebung der Exkommunikation des notorischen Holocaustleugners und Bischofs Richard Williamson.

Gezielte Indiskretionen sind oft der Ursprung für ein Thema. Sie kommen aus dem Kreis von Kollegen (häufig genug auf Vorstandsebene), von Wettbewerbern, von ehemaligen Mitarbeitern des Unternehmens, aber auch von externen Dienstleistern und Beratern, die einen Medienrummel für ihre eigenen Ziele einsetzen. Die heutigen Produktionsbedingungen in Medien (Stichworte sind „kein Geld“ und „überlastetes Personal“) führen auch nicht dazu, dass jede Information sachgerecht bis zuletzt geprüft wird und vielleicht schon im Vorfeld die Intention des Informanten kritisch hinterfragt wird. In den Medien wird heute mit weniger Zeit und weniger Mitarbeitern als noch vor ein paar Jahren produziert. Der Wettbewerb der Titel und Formate trägt seinen Teil dazu bei. Auch wenn Ihnen solche Situationen hoffentlich nicht so häufig begegnen werden – souveräner Umgang mit Medien ist gerade hier besonders wichtig. Das führt dann zu den sogenannten „Grubenhunden“ – falsche Meldungen, die von den Medien ungeprüft übernommen werden. Das ist der falsche „Wilhelm“ in der langen Vornamenreihe von Wirtschaftsminister Guttenberg oder ein falsches Tucholsky-Gedicht zur Finanzkrise, das es sogar bis in die Nachrichten zur besten Sendezeit schaffte. Wem fällt schon auf, dass es gemessen an sonstigen Stücken Tucholskys lausig schlecht und einfallslos gereimt war – und dass Tucholsky das Wort „Derivate“ nicht verwendet hätte, weil es das Wort für diese abgeleiteten Finanzprodukte zu seiner Zeit noch gar nicht gab.

Wie kommt es zu dem Kontakt mit Medien, den Sie selbst nicht gesucht haben? Es gibt viele Gründe und Möglichkeiten: Sie sind in einem Dokument als Ansprechpartner genannt, Sie haben einen Vortrag oder eine Präsentation gehalten, Sie waren auf einer Messe, Konferenz, Ausstellung oder auf anderen Veranstaltungen. Häufig läuft der Kontakt sogar über mehrere Stationen – man kennt einen, der einen anderen kennt, der dann auf Sie verweist, wenn es um ein bestimmtes Thema geht. Fast alle Journalisten verwenden inzwischen das Internet als Instrument zur Recherche und finden dort oft eine hinreichende Anzahl von Informationen, die dann auch zu Menschen wie Ihnen führen. Schauen Sie doch einmal nach, welche Verweise Sie in den großen Suchmaschinen unter Ihrem Namen finden, wenn Sie ihn mit dem Namen Ihres Arbeitgebers oder Ihres Spezialgebiets verknüpfen.

Wenn Sie gefragt sind

Es ist also nicht ungewöhnlich, wenn sich ein Medienvertreter eines Tages bei Ihnen meldet und die Bitte an Sie hat, ihm doch ein paar zusätzliche Auskünfte, vielleicht ein Statement oder gar ein Interview zu einem Thema zu geben. Das alles passiert häufig genug ohne einen vorherigen Kontakt zu einer Pressestelle oder einem Medienverantwortlichen. Geschieht dies dienstlich und gibt es bei Ihrem Arbeitgeber eine Pressestelle, sind Sie immer gut beraten, den Journalisten darauf zu verweisen. Er wird trotzdem versuchen, aus Ihnen etwas herauszubekommen. Seien Sie hier höflich, bestimmt und vor allem nicht allzu auskunftsfreudig. Fragen Sie ihn für alle Fälle nach der Telefonnummer, unter der am besten erreichbar ist. Danach verbinden Sie ihn mit der Pressestelle. Werden Sie anschließend von der Pressestelle als Experte herangezogen, hat alles seine Ordnung. Wenn Ihre Pressestelle gut ist, befinden Sie sich auch in guten Händen, werden ordentlich vorbereitet und betreut. Vor allem geschieht es nicht in Ihrer Verantwortung.

Gibt es keine Pressestelle, sollten Sie trotzdem nicht gleich loslegen. Sprechen Sie mit Ihrem Vorgesetzten, auch auf die Gefahr hin, dass er sich dazwischenhängt und das Gespräch an sich zieht. Er tut es dann auf seine Kappe und Ihr Arbeitsvertrag wird es Ihnen danken.

Wenn Sie Bedenken haben, dass Sie im Medienkontakt ausgefragt werden oder man „die ganze Wahrheit" von Ihnen hören will, dann sollten Sie sich an eine der vielen Weisheiten von Konrad Adenauer halten: Er bemerkte einmal, grundsätzlich solle man immer die Wahrheit sagen – aber man müsse die Wahrheit nicht immerzu sagen! Diese Freiheit der auswählenden Wahrheit haben Sie im

Medienkontakt stets, und es führt zu einer einfachen Regel: Lügen Sie nicht, wenn Sie gefragt werden, man könnte dahinterkommen. Aber überlegen Sie stets, ob Sie alles sagen müssen, was Sie wissen.

Wie in jeder gelungenen und langfristigen Beziehung zwischen Menschen ist auch mit Journalisten ein guter Kontakt eine wesentliche Basis, und wie in jedem Geschäft gilt: Ohne Kontakt kein Verkauf. Hatten Sie bereits Kontakt zu Journalisten, so pflegen Sie ihn. Ihre Einstellung zu Medien und Medienvertretern ist dabei von großer Bedeutung: Sehen Sie die Medien als Partner an, nicht als Gegner. Und selbst wenn Sie schlechte Erfahrungen gemacht haben, denken Sie daran: Es gibt immer ein nächstes Mal, und häufig trifft man sich auch noch ein zweites Mal. Sie stehen deshalb auch nicht unter und nicht über Journalisten – Sie stehen gleichauf mit ihnen, denn meist führt ein Thema Sie zusammen, an dessen Erörterung und Darstellung beide interessiert sind. Bringen Sie neben Offenheit und Freundlichkeit auch Geduld im Umgang mit Journalisten mit. Journalisten sind Experten auf Zeit, nämlich bis zum Ende des Beitrags, den sie gerade produzieren. Sie dagegen kennen sich viel länger oder auch umfassender damit aus, und Sie sind meist näher am Geschehen.

Wenn Sie also Profi auf Ihrem Fachgebiet sind, sollten Sie sich immer vergegenwärtigen: Die meisten Journalisten sind ihrerseits vor allem Profis darin, die Komplexität von Sachverhalten so zu reduzieren und in eine Form der Darstellung zu bringen, dass viele Menschen diese verstehen können. Vor allem im Fernsehen kommt der menschliche Faktor mit der Gefühlsebene dazu und sichert Miterleben statt beschreibender Darstellung.

Grundregeln im Medienkontakt

Was also zählt für Sie im medialen Kontakt? Wir haben für Sie ein paar Erfahrungen und bewährte Leitgedanken aufgeführt.

Journalisten sind Kunden. Sie fragen, weil sie nicht schon alles wissen. Diese Fragen sind Ihre Chance.

Nicht Feinde, nicht Freunde – Medienschaffende sind Partner in einer Arbeitsbeziehung, mehr nicht.

Seien Sie Teil der Lösung, nicht Teil des Problems. Journalisten haben fast ständig Druck. Also helfen Sie, sonst fährt der Zug ohne Sie ab.

Bieten Sie, was gebraucht wird: Aktualität, Exklusivität oder besonderen Mehrwert an Information. Im Geschäft mit Tageszeitungen und bei elektronischen Medien ist die schnelle Lieferung aktueller Information ausschlaggebend.

Denken Sie bei Journalisten nie an Geld. Zwar haben diese oft weniger als Sie, dennoch sind Sie mit der gedanklichen Verbindung auf dem falschen Dampfer. Wollen Sie Geld ausgeben, rufen Sie lieber die Anzeigenabteilung an. Trennen Sie hier sauber, alles andere verrät mehr über Sie, als Ihnen lieb sein kann.

Bei Journalisten zählt Information, nicht Werbung. Seien Sie unmissverständlich, ehrlich und offen. Machen Sie klar, bis wohin Sie gehen können. Jeder versteht, dass Sie auch Ihre Interessen wahren.

Journalisten haben ihre eigene Meinung. Das dürfen sie, denn Sie haben ja auch eine. Argumentieren Sie und vertreten Sie Ihren Standpunkt. Den will man schließlich von Ihnen wissen.

Beziehungen früh aufbauen. Fangen Sie rechtzeitig an, eine Beziehung und ein Vertrauensverhältnis aufzubauen.

Informieren Sie und geben Sie sich schon frühzeitig als Gesprächspartner zu erkennen – nicht erst, wenn Sie einen Kontakt dringend benötigen.

Sippenhaft gilt nicht. Selbst bei schlechten Erfahrungen mit einzelnen Personen gilt: Jeder Journalist ist anders und hat eine unvoreingenommene Chance verdient.

Nun führt Sie aber nicht jeder Kontakt mit Journalisten auf die Titelseite. Da haben Sie sich aber die Zeit genommen, alles schön zu erklären und zu beantworten, und dennoch steht nichts davon im Beitrag? Ärgern Sie sich nicht, das passiert jeden Tag. Möglicherweise waren Sie sogar drin, und dann wurde gekürzt oder geschnitten. Es ist keine böse Absicht oder Missachtung Ihrer Person, es ergibt sich jeden Tag bei der Produktion von Nachrichten und Beiträgen in allen Medien. Es ist daher an der Tagesordnung, dass nicht alles seinen direkten Weg findet. Journalisten geht es oft auch darum, sich über ein Thema erst einmal zu informieren, Meinungen zu sammeln oder, wenn es konkreter wird, ein sogenanntes Hintergrundgespräch zu führen. So arbeiten Printjournalisten immer für den nächsten oder noch folgenden Beitrag, in dem sich dieser Input künftig verwenden lässt. Deshalb finden die Inhalte solcher Kontakte über kurz oder lang ihren Weg in ein journalistisches Produkt. Selbst ohne direktes Ergebnis in Form eines Beitrags helfen Begegnungen mit Journalisten daher immer, das Vertrauen aufzubauen und sich besser einschätzen zu können.

Spielregeln im Umgang

Aber welche Spielregeln gelten im Umgang mit Journalisten? Und was erwarten Journalisten von Ihnen? Auch dies haben wir einmal zusammengefasst:

Kein grundsätzliches Abblocken. „Kein Kommentar“ ist auch ein Kommentar, aber einer von der Sorte, die weder Ihnen noch den Journalisten weiterhilft. Bevor Sie mauern, sollten Sie besser erklären, warum Sie noch nicht mehr sagen und wann Sie das voraussichtlich tun können. Sie müssen gleichwohl nicht über jedes Stöckchen springen, das man Ihnen hinhält.

Keine Teilwahrheiten, Schwindel oder Notlügen. Schlimmer als nichts zu sagen ist hingegen das Lügen. Sie schaden damit nicht nur Ihrer eigenen Glaubwürdigkeit, sondern oft auch dem Ruf Ihres Arbeitgebers.

Schnelle Informationen zur Sache. Journalisten arbeiten häufig gegen die Uhr – arbeiten Sie daher im Sinne der Medien. Wenn Sie nicht gleich zu etwas Auskunft geben oder Stellung nehmen können, machen Sie einen Zeitpunkt aus, bis zu dem Sie sich melden. Es versteht sich von selbst, dass Sie sich daran auch halten sollten.

Gleichheit statt fortgesetzter Exklusivität. Informieren Sie gleichmäßig und ohne erkennbare Vorzugsbehandlung. Diese wird es zwar immer geben, aber lassen Sie es nicht allzu deutlich sichtbar werden.

Werthaltige Information. Keine Werbung, keine vorgeblichen Neuigkeiten. Ihre Firma eröffnet neue Büroräume in feinster Hamburger Innenstadtlage? Das ist schön für alle, die dort arbeiten werden – aber müssen Sie deshalb die Frankfurter Lokalredaktion einer großen deutschen Tageszeitung darüber informieren, nur weil Sie da mal einen Kontakt hatten? Denken Sie als Abnehmer:

Wer braucht es, wofür und bis wann – und leisten Sie sich den Luxus der Frage, ob es überhaupt jemand braucht. Etwas Abstand zur eigenen Botschaft ist hilfreich.

Journalisten – die unbekannten Wesen

Akzeptieren Sie die der kritischen Grundhaltung und andere Perspektiven Ihres Gesprächspartners. Es gehört zur Freiheit von Journalisten, Dinge nicht gleich so zu sehen wie diejenigen, die sie ihnen vortragen. Abstand und kritische Haltung sind Berufsgrundlage, was persönliche Sympathie nicht ausschließen muss. Seien Sie also nicht beleidigt, wenn die Journalisten und Sie zu unterschiedlichen Bewertungen einzelner Fragen oder Sachverhalte kommen. Verbessern Sie stattdessen Ihre Argumentation oder sorgen Sie für höherwertigen Input.

Wenn Sie Kontakt zu Journalisten haben, können Sie ebenso erwarten, dass sich die andere Seite an die Regeln hält und sich professionell verhält.

Offenes Visier: wer, für wen, worüber und wann. Bei Kontakten mit Journalisten werden Sie fast immer bereits am Anfang darüber informiert, mit wem Sie es zu tun haben, für welches Medium man tätig ist, welche Form der geplante Beitrag haben soll und zu welchem Termin er produziert wird. Geschieht dies nicht, fragen Sie nach.

Vertraulichkeit: nein, ja – und wie viel? Eine offene Grundhaltung gegenüber Journalisten bedeutet nicht, Ihre Interessen aufzugeben. Ein lockerer Umgang ist nicht mit dem Verzicht auf Vertraulichkeit gleichzusetzen. Sie müssen und können stets klarmachen, was offene Information und was nicht zitierfähig ist oder was eine besondere, auch vertrauliche Hintergrundinformation darstellt.

Einhalten von Abmachungen. Pacta sunt servanda, hieß es bei Franz Josef Strauß, Verträge sind einzuhalten. Erwarten Sie hier nicht Unmögliches, etwa den vollständigen Beitrag, bevor er in Druck oder auf Sendung geht. Doch wenn Sie zum Beispiel vereinbaren, dass Sie bestimmte Passagen vor Veröffentlichung noch zur Abstimmung oder zur Freigabe erhalten, dann sollte dies auch geschehen.

Aber setzen Sie keine einseitigen Abmachungen, die nur Eindruck machen sollen, etwa durch Sperrfristen. Denn in der Regel gilt: Raus ist raus. Sie können die Einhaltung von Fristen nicht kontrollieren und noch weniger erzwingen. Wenn es wirklich bedeutsam ist, dann begründen Sie, warum es nötig ist. Wurde es Ihnen daraufhin zugesagt, dann ist es eine Abmachung, die gehalten werden sollte.

Korrekte Darstellung von Sachverhalten und Äußerungen. Kürzungen und Schnitte von Beiträgen sind an der Tagesordnung. Dabei kann es durch Verlagerung der Aussage zu einem neuen Bedeutungszusammenhang kommen. Darauf haben Sie selten Einfluss, aber wörtliche Zitate sollten Sie in jedem Fall vorher in der Endfassung kennen und freigeben. Erfahrene Journalisten wissen, dass es um direkte Zitate mitunter die größten nachträglichen Probleme gibt, und leiten Ihnen daher Ihre wörtlichen Aussagen oft vorher zur Autorisierung zu. Dies ist bei guter Arbeit beider Seiten in aller Regel eine Formsache. Machen Sie es nicht wie viele Politiker: Entstellen Sie nicht Ihre Worte nachträglich zu einer Form von Kenntlichkeit, die Sie zwar nachher gerne hätten, aber im Gespräch selbst nicht geleistet haben.

Guter Wille und Fairness. Journalisten müssen nicht Ihrer Meinung sein, aber die Sachverhalte müssen stimmen. Dies ist eine wesentliche Grundlage des Mediengeschäfts. Wenn Sie den Eindruck haben, ungerecht behandelt worden zu sein, oder sich die Augen reiben bei der Betrachtung des Ergebnisses, dann rufen Sie nicht zuerst Ihren Rechtsanwalt an, sondern den Autor. Ein sachliches, ruhiges Gespräch klärt vieles, und denken Sie auch hier daran: Es gibt immer ein nächstes Mal. Oft führt es dazu, dass Sie im übertragenen Sinne „etwas guthaben“. Daraus wird aber in der Regel nichts, wenn Sie gleich den Ressortleiter oder am besten den Chefredakteur anrufen. Hängen Sie die Sache tiefer – es hilft beiden Seiten.

Wenn Sie aber meinen, grobe handwerkliche Fehler festgestellt zu haben wie etwa unrichtige Tatsachenbehauptungen, deren weitere Verbreitung Ihnen wirklich schaden könnte, dann holen Sie zügig fachkundigen Rat bei einem Presserechtler ein. Er kann den tatsächlichen oder vermeintlichen Ernst der Lage sehr viel besser beurteilen als Sie – und vor allem auch besser als ein „normaler“ Anwalt, denn es gibt zahlreiche Besonderheiten des Presserechts beim Procedere, in Formen und Fristen. Hier werden fast alle möglichen Fehler dann auch wirklich gemacht, selbst von renommierten Großkanzleien und auch von den Ablegern der angloamerikanischen Law Firms. Dies führt in aller Regel zur Ablehnung der Anträge auf Gegendarstellung, Unterlassung oder einstweilige Verfügung. Daher der Rat: Wenden Sie sich über Ihren Rechtsbeistand an einen der spezialisierten Presserechtler – die Namen sind bekannt, und es gibt nur eine Handvoll in ganz Deutschland. Dennoch gilt: Es ist das Mittel der letzten Wahl in der Arbeitsbeziehung zu Medien. Denken Sie besser in anderen Kategorien.

Im Interview: Sie sind gefragt

Es gibt deutliche Unterschiede in der Art des Medienkontakts etwa für Interviews zwischen den verschiedenen Mediengattungen. Journalisten von Tageszeitungen arbeiten anders als die von Wochenzeitungen, und diese haben einen anderen Produktionsdruck als Monatsmagazine. News-Sendungen im Fernsehen, die mit elektronischer Berichterstattung mobil am Ort des Geschehens erzeugt werden (EB-Teams), sind etwas anderes als die Viererrunde im Studio eines öffentlich-rechtlichen Senders oder ein „gebauter" Fernsehbeitrag. Im Radio gelten wieder etwas andere Regeln, die auch für das Radiointerview eine Reihe von Besonderheiten bedeuten. Sie können in ein Studio oder bei einem Besuch eines Radiojournalisten nämlich wie im Printinterview alles mitnehmen, was Sie für Ihre Aussagen benötigen. Interviews kommen deshalb mitunter ohne Vorbereitung auf Sie zu, also mit „Vorwarnzeit null". Für viele Interviewpartner, die es noch nie erlebt haben und davon überrascht wurden, ist es oft eine verwirrende Erfahrung: Bei einer großen Messe, einem wichtigen Kongress, einer Ausstellung eines bekannten Künstlers oder nach einer Opernpremiere kommt jemand mit Mikrofon oder Kamera auf Sie zu. Und er will etwas von Ihnen, das Sie nichts kostet, aber er braucht es zum Leben: Er will Ihren „O-Ton". Schon das Nachdenken über ein möglicherweise überraschendes Interview führt dazu, dass Sie nicht mehr so ganz überrascht sind.

Zeitungsinterviews laufen anders, doch auch hier gibt es Wunsch und Wirklichkeit. Für Sie wie für den Printjournalisten sind die Umstände am angenehmsten, wenn Sie im Büro zu einer vorher ausgemachten Zeit, die Ihrer Tagesform entgegenkommt, für eine Stunde besucht werden. In vertrauter Umgebung mit Kaffee und Gebäck ein gutes Gespräch führen – das kann gelingen, sofern Sie nie vergessen, mit wem Sie gerade reden. Die eben beschriebene Interviewsituation gibt es, doch es sind die Feiertage im Medienkontakt. Die Realität sieht oft so aus, dass gerade Printjournalisten einen wesentlichen Teil der Recherche und der Statements im Telefongespräch einholen – wegen des Zeitdrucks, das wissen Sie ja bereits. Unangekündigte Interviews mit sofortigen Statements erfordern Übung und Erfahrung. Wenn Sie hier nicht trainiert sind, führen Sie jetzt nur ein Vorgespräch, bitten Sie um einen Anruf zu einem vereinbarten späteren Zeitpunkt oder rufen Sie selbst zurück. Sammeln Sie sich, sortieren Sie Ihre Gedanken und bereiten Sie sich in Ruhe vor.

Schatz, ich bin im Fernsehen

Wenn Hörfunk oder Fernsehen anklopfen, geschieht dies nicht ohne Vorlauf, bei TV-Teams bis hin zur Logistik. Vorteilhaft ist, dass Sie sich auf ein Hörfunk- oder Fernsehinterview einstimmen und vorbereiten können. Dennoch ist alles anders und ungewohnt: Kommt das Fernsehen vorbei, bringt es fremde Menschen, grelles Licht, Mikrofone, eine Kamera und reihenweise Kabel mit. Begeben Sie sich in ein Fernsehstudio, wird es vollends unwirklich: Sie werden geschminkt und kommen trotzdem – oder gerade deshalb – ins Schwitzen. Doch das muss nicht sein und wird auch nicht geschehen, wenn Sie sich vorbereiten und mit Ruhe, aber auch mit offenen Augen auf diese Sache zugehen.

Auch wenn Sie nicht Pressesprecher, Vorstand oder leitender Mitarbeiter eines Unternehmens oder einer Organisation sind, ist es in Ihrem Interesse, sich möglichst gut auf einen Medienauftritt vorzubereiten: Nur dann wirken Sie so souverän, wie Sie sind. Und wenn Sie meinen, es jetzt noch nicht zu sein, dann können Sie sich dennoch darauf gut vorbereiten und es fällt nicht auf. Die Teilnehmer unserer Seminare und Einzeltrainings bestätigen uns immer wieder, dass Trainings unter Anleitung erfahrener Auftritts- und Argumentationsprofis der einzige wirklich hilfreiche Weg sind, um besser, sicher und souverän zu werden.

Denn es ist zum großen Teil ein Ergebnis Ihrer Fertigkeiten, welche der dargestellten Informationen vom Zuschauer auch aufgenommen werden. Die Person, die dem Journalisten und seinen Fragen gegenübersteht, bestimmt den Eindruck. Sind Sie Vertreter eines Unternehmens oder einer Institution, dann ist Ihr Auftritt ein Teil dessen, was über Ihren Arbeitgeber beim Zuschauer in Erinnerung bleibt – Sie sind „Herr Kaiser“ oder „Mister Mercedes“. Sie sehen also: Menschen geben Themen ein Gesicht – und Ihres kann dazugehören!

Die Komponenten Ihrer Wirkung sind eigentlich ganz einfach, denn Ihr Erfolg besteht vor allem aus zwei Bestandteilen: einer klaren und verständlichen Darstellung der Inhalte und ihrer gelungenen, anregenden Präsentation. Was gehört dazu? Neben Verständlichkeit auch Sympathie für den Auftretenden, der Situation angemessenes Sprechen und eine Stimme, die Ihre Person und Inhalte unterstützt. Nicht zuletzt sind es auch eine Ihrem Typ wie der Situation entsprechende Kleidung und die Art, wie Sie sich geben und was Ihr Körper neben Ihrer Stimme spricht.

Ob es Sie nun beruhigt oder verunsichert – eine Erfahrung des Medienzeitalters ist, dass ein großer Teil der Zuschauer beim Fernsehen Sie im Gesamteindruck nicht zuerst danach beurteilt, was Sie sagen und ob dies zutrifft. Bei Printmedien kommen Sie damit nicht so leicht durch. Und im Radio werden Lügen am leichtesten erkannt, wie Psychologen im Testlabor herausfanden.

Ein grundsätzliches Funktions- und Wirkungsprinzip des Fernsehens wie des Radios ist es, das Miterleben durch den Zuschauer oder Hörer zu erreichen. Weil wir nicht nur sehen und hören, sondern das Geschehene schon fast miterleben, deshalb reagieren wir auch eher emotional als rational auf die dargebotenen Medieninhalte. Solch ein Inhalt sind auch Sie, sobald Sie sich vor ein Mikrofon oder eine Kamera stellen. Die Besonderheit der elektronischen Medien besteht darin, dass wir durch das direkte Fast-selbst-Erleben die Inhalte sehr viel intensiver aufnehmen, als wenn wir Schrifttexte lesen. Dafür wird der Inhalt viel schneller vergessen. Der emotionale Kern jedoch hält sehr viel länger vor. So entstehen Medienimages, und sie zu verändern ist ein langes und schwieriges Vorhaben. Sie sehen es bei Kindern, die zuerst einen Märchentrickfilm und dann erst „das Buch zum Film" lesen. Schneewittchen hat nicht mehr unendlich viele Gesichter, sondern meist nur noch eines – und das ist meist sehr dauerhaft verankert.

Fernsehen und Radio bauen in ihrer Wirkung darauf, das Miterleben für den Zuschauer und Hörer zu ermöglichen. Radiojournalisten denken oft in akustischen Dimensionen wie Tönen, Geräuschen und Klängen, und Fernsehjournalisten in Bildern. Geben Sie diesen Medien etwas zum Festhalten – Ihre Erscheinung und Wirkung in Optik und Akustik. Denken Sie daran: An einer glatten Oberfläche finden Sie als Zuschauer oder Hörer keinen Halt. Es muss etwas hervorspringen, abweichen und auffällig sein, was uns Halt geben kann – seien es Nase, Stimme, Augen, Schmuck, die Figur oder etwas anderes.

Aber nicht jeder Auftritt im Fernsehen oder Radio verläuft von vornherein so, wie Sie es sich vorstellen und wünschen, mitunter auch bei guter und plausibler Argumentation nicht. Wie können Sie nun dennoch Ihr Publikum gewinnen und überzeugen und Ihrer Persönlichkeit im Medienkontakt Ausdruck verleihen? Souveräne Wirkung und Glaubwürdigkeit entfalten Sie vor allem, indem Sie zu sich selbst sicher und fest auf dem Boden stehen: zu Ihrer Persönlichkeit und zu Ihren Fehlern, denn die gehören dazu. Seien Sie ehrlich zu sich und machen Sie sich nichts vor: Auch ein teures Toupet ist ein Toupet, und klein gewachsene Männer werden auch durch erhöhte Absätze nicht wirklich größer. Versuchen Sie nicht, perfekt zu sein – Ihr Publikum ist es auch nicht.

Es gibt einen fundamentalen Unterschied in der Kommunikation. Anders als beim persönlichen Gespräch, dem Meeting, der Gruppendiskussion, der Rede oder Ansprache, dem personalen Konflikt oder vielen anderen Situationen kommunizieren Sie nicht direkt mit den Menschen, von denen Sie im Fernsehen gesehen werden. Sie kommunizieren indirekt, quasi über zwei Ecken – und Sie bekommen kein Feedback von Ihren Betrachtern. Fernsehen ist nicht interaktiv, denn der Rückkanal fehlt. Den gibt es zwar auch nicht bei Zeitungen, es sei denn als Leserbrief, aber hier wirken Sie vollständig indirekt durch die Formulierung und Darstellung des Autors.

In einer Mediensituation wie im Fernsehinterview sind Sie wie bei Carlo Goldoni der „Diener zweier Herren“ – nämlich des Interviewers und des Publikums an Fernsehgeräten oder den Radios. Ihr Ziel ist ganz klar: Sie müssen die vielen unbekannten Menschen an den Geräten überzeugen, nicht den einen, der vor Ihnen steht.

Der Interviewer ist oft der „Anwalt des Publikums“, aber eben nicht das Publikum selbst.

Infomüll rein, Infomüll raus

Denken Sie an Ihre Zielgruppe und Ihr Publikum. Was wollen Sie bei Ihrem Publikum erreichen – für sich und für Ihre Sache? Was wollen Sie anbieten, was soll man Ihnen glauben oder „abkaufen“? Brauchen Sie Z-D-F (Zahlen, Daten, Fakten)? Wenn ja, wie viel und welche? Kann man das, was Sie sagen wollen, auch einfacher und verständlicher sagen? Ohne Fremdwörter, Fachbegriffe und Spezialwissen? Haben Sie Bilder für Ihre Worte? Kann man es lebendig beschreiben?

Haben Sie Beispiele – solche, die sogar Ihre Tante versteht? Wenn's bei der Vorbereitung und beim Input hapert, kommt am Ende oft nicht das raus, was Sie erwartet haben. Programmierer nennen das „GiGo“ – Garbage in, Garbage out.

Entscheidend ist der schnelle Zugang zum Publikum, und schon die ersten Sekunden zählen. Der erste Eindruck zählt, der letzte bleibt. Verleihen Sie Ihrer ganzen Persönlichkeit Ausdruck, um ankommen! Sie kennen es vielleicht: Auf einer Tagung hält jemand einen Vortrag, der eine kleine Sensation enthält. Sie fragen danach Kollegen oder andere Teilnehmer, wie sie den Vortrag fanden. Die Wenigsten werden auf die inhaltlichen Höhepunkte eingehen, sondern vielmehr sagen, was ihnen an dem Vortragenden aufgefallen ist. Sie sehen, man wird immer als ganze Person beurteilt und weniger als Überbringer von Botschaften.

Grundfragen vor jedem Medienauftritt

Bevor Sie gefragt werden, müssen Sie für sich selbst zuerst ein paar Fragen klären. Gehen Sie also bei Ihrer Vorbereitung genauso professionell bis investigativ vor wie Ihr Gesprächspartner. Verschaffen Sie sich Klarheit über die folgenden Fragen:

- Warum Sie? Was soll Ihre Rolle sein?
- Welche Dauer soll das Interview haben?
- Was ist der Hintergrund oder der Anlass für das Interview?
- Wer ist Ihr Gesprächspartner? Kennen Sie ihn und seinen Stil der Gesprächs- und Interviewführung?
- Wie tief ist Ihr Gesprächspartner im Thema drin, zu dem Sie befragt werden?
- Habe ich meine Zahlen, Fakten, Daten bereit?
- Kann ich Vergleiche oder einige anschauliche Beispiele für meine Argumentation liefern?
- Was sollte ich an unterstützendem Material parat haben?

Bei Fernsehinterviews sind darüber hinaus zusätzliche Fragen wichtig für Sie:

- Ist das Interview live oder wird es aufgezeichnet?
- Kann ich in beiden Fällen einen Mitschnitt erhalten?
- An welchem Ort soll das Interview geführt werden? Außenaufnahme, Innenräume, Studiodekoration, vertrauter oder fremder Ort? Sollen Sie sitzen oder stehen? Wobei wirken Sie besser?
- Welche Farben beherrschen das Umfeld des Interviews? Muss ich meine Kleidung darauf abstimmen oder verändern?

- Können Sie das Interview vorher mit derselben Person durchsprechen, die es dann mit Ihnen führen wird?
- Sind Sie der einzige Interviewpartner, oder werden noch andere zusammen mit Ihnen befragt? Wer sind die anderen Gesprächspartner?
- Befinde ich mich in für mich „guter“ oder „schlechter“ Gesellschaft?

Wie bereiten Sie sich nun selbst auf mögliche Fragen vor? Natürlich wollen Sie wissen, was Sie gefragt werden könnten. Dies kann sich häufig aus dem Anlass des Interviews ergeben, aus Ihrer Person oder Tätigkeit. Da Sie nicht wie manche Politiker schon vorab durch Ihre Referenten einen ausgefeilten Kuhhandel über die Fragen machen können, müssen Sie einen anderen Weg beschreiten. Antizipieren Sie mögliche Fragen an sich, versuchen Sie eine Antwort auch auf die Ihnen unangenehmen Fragen zu finden – damit sind Sie nicht mehr überrascht, wenn diese Fragen kommen.

Die Antwort-Ampel von NeumannRoss

Bereiten Sie für sich eine kleine Liste vor, die stichpunktartig die möglichen und besonders die wesentlichen und wichtigen Fragen vorab für Sie transparent macht. Diese Liste führen Sie mit sich, aber Sie geben sie niemals aus der Hand oder lassen sie irgendwo liegen – also immer nah am Körper aufbewahren.

Legen Sie sich auch eine Antwortstrategie zurecht, damit Sie wissen, zu welchen Fragen Sie wie viel und was sagen wollen.

Wir arbeiten im Training mit Vorständen und Fachexperten mit dem NeumannRoss-Ampelmodell. Dazu kennzeichnen und ordnen Sie die Fragen wie bei einer Ampel: „Grün“ sind Fragen, die Sie jederzeit und auf Wunsch auch ausführlicher beantworten. „Gelb“ kommt auf den Zusammenhang an und wird situativ beantwortet. Und „Rot“ zeigt Ihnen, wozu Sie nichts sagen dürfen, können oder wollen – und auch auf wiederholte Nachfrage elegant und bestimmt nichts sagen werden. Gelb ist natürlich der häufigste Wert der Fragen, und wie im Straßenverkehr ist der Übergang von Gelb auf Rot entscheidend. Also stellen Sie sich darauf ein, notfalls zu bremsen. Denn ob Medienkontakt oder Straßenverkehr, in beiden Fällen gilt: Man wird öfter beim Gasgeben geblitzt als beim Bremsen.

Im Fernsehen zählt die Kleidung doppelt, daher sollten Sie in jeder Situation eines Medienkontakts auf Ihre Kleidung achten. Die Grundregel ist einfach: Ihre Kleidung sollte Ihrer Rollenerwartung entsprechen. Sind Sie beispielsweise lokaler Gewerkschafter vom Bau, dann ist ein offenes Hemd viel passender als ein Dreiteiler, selbst wenn er Ihnen gut steht. Sind Sie Jungunternehmer in der Fun- und Freizeitbranche, können es auch Turnschuhe und Sportmarkenkleidung sein. Doch die meisten Menschen, die im Geschäftsleben tätig sind, fahren gut mit der Maxime: dezente, elegante Business-Kleidung mit einem gewissen Etwas. Achten Sie darauf, keine Muster wie Glencheck, Pepita, Karo und Streifen zu tragen, ebenso keine schillernden und changierenden Stoffe. Durch die optische Aufnahmetechnik verschwimmen sie und flimmern durch Interferenzen.

Kleidungstricks fürs Fernsehen

Damit das Jackett am Kragen keine Falten wirft, die Schultern hochzieht und damit den Hals verkürzt, bevorzugen zum Beispiel Nachrichtensprecher oft Stühle ohne Lehne. Wenn diese nicht verfügbar sind, ziehen sich die Kenner der Situation mitunter beim Hinsetzen hinten die Jacke unter das Gesäß.

Die Farbe Ihrer Hemden kann klassisch einfarbig sein, vorzugsweise Hellgrau oder Blau. Ein leicht hellgraues Hemd wirkt auf dem Bildschirm weiß. Tragen Sie wegen möglicher Lichtreflexionen aber nicht unbedingt blütenweiße Hemden. Solche mit Mustern könnten aufnahmetechnisch Probleme schaffen. Haben Sie eine eher kräftige Gesichtsfarbe, wirken vorzugsweise Blautöne in Ihrer Kleidung positiv entgegen. Achten Sie bei Ihren Krawatten darauf, dass sie dezent sind und keinen eigenen Blickfang bilden. Zeigen Sie Stil, der zu Ihnen passt.

Schmuck ist Geschmackssache, also achten Sie auf Ihren Geschmack, aber mehr noch auf das Urteil anderer Menschen, denen Sie vertrauen. Vermeiden Sie alles, was von Ihrem Gesicht zu sehr ablenken könnte. Männer tragen nicht mehr als zwei Ringe und keine Armbänder, Frauen vermeiden jede Form von Schmuck, der Geräusche macht wie etwa mehrere Armreifen oder schwere Halsketten. Metall im Gesicht und an den Ohren ist Ihre Sache, aber wollen Sie es zum sichtbaren und bestimmenden Faktor Ihres Publikumsurteils werden lassen?

Bei Brillen bevorzugen Medienprofis wie etwa Politiker inzwischen häufig randlose Brillen mit dünnen Kunststoffgläsern, weil sie nicht vom Gesicht ablenken und keine Schatten auf die Augen werfen. Wenn Sie eine Brille mit Fassung tragen, kann sie ruhig etwas modisch sein, solange es nicht an extravagante Draht- und Metallkunstwerke erinnert. Achten Sie auf Spiegeleffekte in den Gläsern und beim Gestell und putzen Sie die Brille vorher gut. Sind Sie auf eine Brille angewiesen, weil Sie sonst kaum etwas richtig sehen können, dann behalten Sie die Brille auf jeden Fall auf – Blinzeln und verkniffene Augen wirken nicht eben glaubwürdig. Wenn die Brille zu Ihrem Typ gehört und niemand Sie bisher ohne gesehen hat, ist sie Teil Ihres Gesamteindrucks.

Und der Tascheninhalt? Männer neigen auch dazu, all die Dinge, die Frauen in ihrer Handtasche verstauen, am Körper zu tragen – mit dem Ergebnis, dass viele eher wie der bewaffnete Begleitschutz von Politikern aussehen. Mobiltelefon, Brieftasche, Schlüsselbund – alles raus aus den Hosen und den Taschen des Jacketts. Das Telefon wird natürlich stumm geschaltet. All dies verstauen Sie in einer kleinen Mappe, die Sie immer im Blick und in Griffweite haben können. Verzichten Sie aber auf Ihren Aktenkoffer und auf große Taschen.

Auch wenn Sie der Meinung sind, Maske und Schminke seien doch nicht nötig – sie sind nötig. Selbst außerhalb von TV-Studios sollten Sie sich vorher kurz abtupfen, mitunter sogar leicht pudern, wenn Sie in Ihrem Büro groß ins Bild kommen sollen. Ist Ihnen dies ungewohnt, fragen Sie eine Frau – das genügt meistens für einen ersten guten Tipp. Sie können sich natürlich auch professionell beraten lassen, etwa bei einer Kosmetikerin. Im Fernsehstudio ist die Maske Ihr Freund und Helfer für eine gute Optik, daher sollten Sie sich nicht sperren, wenn man Ihnen eine Maske oder Schminke anbietet. Es fängt bei den Haaren an, die vielleicht nicht so sitzen, wie sie sollten, und geht bis hin zu all den Kleinigkeiten, die Sie im Spiegel an sich selbst nicht erkennen. Es empfiehlt sich dennoch auch für

Herren, beim Interview einen kleinen Taschenspiegel mit sich zu führen.

TV: So werden Sie verstanden

Denken Sie schnell, aber sprechen Sie langsamer. Versprecher sind normal. Bei kleinen gehen Sie darüber hinweg, bei größeren verbessern Sie sich und sagen das, was Sie ursprünglich sagen wollten. Was auch immer Sie in Medien sagen – Verständlichkeit ist Trumpf. Doch wie schwer sie zu erreichen ist, erleben wir jeden Tag im Fernsehen und im Radio. Die grundlegenden Anforderungen der Verständlichkeit in Medien umfassen im Grunde nur fünf Regeln, die Sie sich leicht merken können:

- Kurz ist besser als lang.
- Konkret ist besser als abstrakt.
- Aktiv ist besser als passiv.
- Alltagssprache ist besser als Fachsprache.
- Positives ist besser als Negatives.

Und welche Kamera? Immer die, deren „rotes Licht“ vorne gerade leuchtet. Erlischt das Licht, ist die Kamera „off“. Mehrere Kameras werden Ihnen meist nur auf öffentlichen Veranstaltungen begegnen oder in einem Studio, etwa bei einer Diskussionsrunde.

Statements bauen

Ein Statement ist ein Informationshappen mit einer Stellungnahme, die Sie geben. Es sollte knapp, präzise und einprägsam sein, und Ihr Standpunkt sollte dabei deutlich werden. Vor allem bei Fernsehjournalisten gehören Statements zum Brot- und Buttergeschäft: Das Miterleben des Publikums wird möglich, weil Personen zur Sprache kommen. Sogar das Spektrum der politischen Meinung kann man mit drei bis vier Statements abdecken – deshalb sind sie so beliebt.

Wie viel Zeit haben Sie für ein Statement? Rund 25 Sekunden – das ist etwa genauso lange, wie Sie brauchen, um den Absatz mit diesem Versuch einer Definition vorzulesen – laut und in angemessenem Tempo. Das ist nicht viel, und Sie sehen selbst, wie wenig Information man unterbringen kann. Aber deswegen dürfen Sie nicht schneller sprechen, um auch alles hineinzubekommen, was Sie gerne sagen möchten. Verbessern Sie vielmehr Ihre Aussage.

Wie sollte ein Statement formuliert werden? In kurzen Sätzen, etwa so wie in dem Absatz mit der Definition. Was geschrieben schon nach wenigen Seiten ermüden würde, ist beim Statement von entscheidender Bedeutung. Diese sehr kurze Äußerung muss medientauglich sein und daher trotz Schnitt verständlich bleiben. Für Zahlen bleibt wenig Platz, höchstens „doppelt so teuer wie letztes Jahr“ oder „halb so viele Mitarbeiter“. Ein Statement gilt als ideal, wenn es so kurz und präzise ist, dass es nicht mehr geschnitten werden muss. Die als „Sekunden-Beller“ bezeichneten Politiker können dies auf Kommando – durch jahrelange Praxis oder gutes Training.

Wie sollten Sie vorgehen? Sie sammeln und ordnen Ihre Argumente, die Sie dann auf Karteikarten in Postkartengröße schreiben. Bereiten Sie mehrere verschieden lange Alternativen vor. Ist Ihre Argumentation schlüssig? Dann merken Sie sich, was Sie sagen wollen – aber lernen Sie es nicht auswendig, weil es immer aufgesagt klingt. Sie müssen vielmehr ein Gefühl für die Länge der Zeit bekommen, und dies können Sie üben.

Für das Formulieren von Statements gibt es allerdings keine Patentrezepte, und es gibt keine Statements der Marke „eine Größe passt allen". Statements haben immer einen individuellen Bezug zu Themen, zu aktuellen Ereignissen und Situationen, einen Bezug zu Ihrer Person, Ihrer Funktion und Ihrem Hintergrund oder vielleicht auch zu dem Ort, an dem Sie gefragt werden. Machen Sie sich bewusst, dass es vor allem darum geht, bestimmten Inhalten die angemessene Form zu geben.

Für den Aufbau von Statements haben Sie bereits eine sehr gute Grundlage durch die anderen Kapitel dieses Buches. Gerade die rhetorischen Figuren im Abschnitt „Argumentieren" sind für Statements sehr gut geeignet. Sie können im Statement durch Vergleich argumentieren oder durch Ausschluss und Abgrenzung, auch kann Ihr Statement vom Allgemeinen zum Besonderen hin entwickelt werden. Sie können auch eine Abwägung zwischen zwei Ansichten oder Parteien treffen, eine Argumentkette in zeitlicher Hinsicht aufbauen oder eine logische Abfolge entwickeln.

Statements können und sollten wie Interviews vereinbart und vorher besprochen werden. Nicht alles, was wie ein vorbereitetes Statement aussieht, ist auch eines: Häufig werden aus längeren mitgeschnittenen Sequenzen einzelne Teile separat gestellt, um die Wirkung eines Statements zu erhalten – dies geschieht häufig mit Ausschnitten von Pressekonferenzen oder Reden. Ein anderer Zusammenhang ergibt aber oft eine veränderte Bedeutung von Inhalt, Stil sowie der Form der Aussage. Sie merken dies im Fernsehen wie im Radio daran, dass die betreffende Person offensichtlich noch weitergeredet hat.

Bei Statements und Interviews ist der sogenannte „Nachhall“ zu berücksichtigen. Sie sollten daher immer darauf achten, was Sie zum Schluss sagen. Machen Sie Ihren Standpunkt so klar, dass er beim Betrachter haften bleiben kann. Setzen Sie darauf, Ihr Statement im Kopf des Zuhörers zu verlängern, wenn Sie fertig sind. Zum Beispiel: „Für unsere Kunden ist das kostenlos.“

In einer Abfolge von Meinungsäußerungen bleibt das letzte Statement auch deshalb eher hängen, weil es das letzte ist. Es relativiert damit unter Umständen auch die vorangegangenen Statements der anderen. Dennoch müssen Sie mit der veränderten Platzierung von Aussagen rechnen, da Sie sich nicht unbedingt darauf verlassen können, dass Ihr Nachhall auch genau so am Ende wirkt. Dies hängt ab von der Abmoderation, von einem Off-Ton oder auch von weiteren Statements, die noch folgen können. Eine Veränderung der Platzierung verändert zwar nicht, was Sie gesagt haben, bringt es aber durch das, was folgt, in einen anderen Zusammenhang. Damit wird die Wirkung für das Publikum mitunter entscheidend verändert. Darauf haben Sie aber keinen Einfluss, es ist eine Frage journalistischer Arbeitsweise und Ethik im Fernsehen.

Soundbites

Wenn von einem knappen Statement nur ein bestimmter Satz gesendet wird und in der Folge des medialen Umlaufs besonderes Interesse erregt, dann spricht man von einem Soundbite, einem „abgebissenen" Stück eines Statements. Das Soundbite ist die Kür der medientauglichen Aussage in knappster Form. Es besteht aus meist einzelnen Sätzen, die bildhafte Aussagen, knackige Vergleiche oder Geschichten enthalten. Nur ein Beispiel: Helmut Kohl etwa lieferte mit „Die Hunde bellen, die Karawane zieht weiter" ein klassisches Soundbite: In einem Satz lieferte er seine Ansicht über den Stellenwert der Kritik am Kurs der Regierung und an ihm. Sein Nachfolger im Amt des Bundeskanzlers stand ihm in dieser Hinsicht in nichts nach. Im Wahlkampf 2002 gab Gerhard Schröder auf einer Wahlveranstaltung seiner Verärgerung über die Berichterstattung der *Bild*-Zeitung mit einem Satz Ausdruck, der schnell Verbreitung fand: „*Bild* lügt nie, und die Erde ist eine Scheibe." Der Griff zu einem Stereotyp und einem ironischen Vergleich lenkte in einem einfachen Bild von den eigenen Versäumnissen und Fehlern im Verhältnis zu den Medien im Wahlkampf ab. Nutzen Sie die Chance zum Soundbite, denn es kommt an!

Diskussionen vor Kamera und Publikum

Bereits normale Veranstaltungen vor Publikum wie etwa bei einer Messe, einer Tagung oder anderen Veranstaltungen mit Publikum und Journalisten bedeuten, dass Sie hier auf dem Grill sitzen und sich auch gegenseitig grillen. Sie müssen auch immer für das Publikum argumentieren, denn für dessen Information wurden Sie eingeladen. Doch der große Unterschied ist, dass der Zuschauer meist live dabei ist, und vor allem sieht und hört er Sie besser als jeder Studiogast.

Mit guter Vorbereitung fängt alles an: Nicht nur Ihre Position und Argumentation muss stehen, sondern Sie müssen auch wissen, wofür die anderen in der Runde stehen und was dies für Sie bedeutet. Bevor Sie unvorbereitet in eine Diskussion im Fernsehen gehen, gehen Sie gar nicht, sondern eine andere Person. Das ist kein Kneifen, sondern Schutz vor falschem Heldenmut. Läuft es nämlich nicht gut für Sie, werden Sie nachher von jedem gefragt, wie Sie denn da nur hingehen konnten. Sie können dann leicht als jemand gelten, der schwierige Situationen nicht richtig einschätzen kann.

Der Sitzanordnung sollten Sie Beachtung schenken, denn sie kann einen Einfluss auf Ihre Wirkung haben, und manche Medientrainer halten sie sogar für wesentlich. Es gibt bekannte Studiogäste, die ihr Erscheinen nur dann zusagen, wenn Sie vom Publikum aus gesehen rechts neben der Moderatorin oder dem Moderator platziert werden. Machen Sie in der Vorbesprechung klar, neben wem Sie am liebsten sitzen würden. Sagen Sie auch, von wem Sie vielleicht persönlich zu viel trennt. Dabei ist es aber oft ein Zeichen von Stärke, sich neben seinen größten Kontrahenten zu setzen. Damit erreichen Sie bei ihm oft die erste Überraschung. Wenn es dem anderen sichtbar unbehaglich ist, kann es Ihr Vorteil sein. Wahren Sie dabei dennoch immer gute Umgangsformen.

Einleitung und zentrales Statement haben eine tragende Rolle: Reden Sie hier nicht zu lange und über zu viele verschiedene Punkte. Die Leute wollen wissen, wofür Sie stehen, das können Sie in wenigen Sätzen in rund einer

Minute sagen (doppelte Länge des Statements, also viel Raum). Bauen Sie nicht bereits Ihre Argumentationsketten auf und machen alles niet- und nagelfest. Dafür ist die Diskussion da, und Sie verhindern damit auch, dass einzelnen Aussagen bereits in Zweifel gezogen werden.

Für eine wirksame Argumentation fahren Sie gut, wenn Sie Argumente wählen, die der Zuschauer versteht, und dies mit einleuchtenden Beispielen verdeutlichen können. Wenn Sie sich Argumentationen vorbereiten, formulieren Sie nicht aus, denn Ablesen können Sie nicht – außer Zitate und Fakten, die stimmen müssen. Auch zur Argumentation finden Sie in den vorangegangenen Kapiteln wertvolle Hilfen.

Handfeste Argumente vorbereiten

Wenn Sie mit Zitaten und Fakten arbeiten, achten Sie auf das Timing. Nutzen Sie den schlagkräftigsten Moment, mitunter gelingt Ihnen damit die Überraschung Ihrer Mitdiskutanten wie auch des Publikums. So verwendete etwa Jörg Haider als einer der Ersten den Trick, vorbereitete größere Kärtchen mit Zahlen und Grafiken unvermittelt hervorzuziehen. Damit erschien er nicht nur bestens vorbereitet, man musste sogar annehmen, er hätte mit bestimmten Argumenten seiner Gegner gerechnet und schon mal die tatsächliche, wahre Darstellung vorbereitet. Allerdings: Das Mittel ist schnell verbraucht, ein grandioser Überraschungserfolg lässt sich nicht wiederholen. Schnell gelten Sie als „der mit den Kärtchen“ – und wenn Ihre Mitdiskutanten ebenfalls Kärtchen aus der Tasche ziehen, haben sie Ihr Verhalten auch schon vorher mit einbezogen.

Nutzen Sie handfeste, fassbare Dinge für Originalität! Sie stärken Ihre Argumente und Ihre persönliche Wirkung, wenn Sie stoffliche Dinge in eine nur mit Worten geführte Diskussion einbringen. Wenn für Ihre Argumente eine bestimmte Studie wichtig ist, bringen Sie davon Exemplare mit und halten Sie mit Effekt hoch, wenn der Zeitpunkt gekommen ist. Wird die Bürokratie mit ihrer unseligen Antragsflut erörtert, besorgen Sie sich den umfangreichsten Vorgang, den Sie haben, und wuchten den Stapel auf den Tisch. Wie stark dieser Effekt wirken kann, zeigt sich zuletzt im Mai 2009 in einem Verfahren der EU gegen den US-Chiphersteller Intel wegen illegaler Wettbewerbsmethoden. Nachdem die EU-Kommission gegen Intel eine Rekordstrafe von über einer Milliarde Euro verhängt hatte, ging ein Foto von der Pressekonferenz durch alle Zeitungen Europas: EU-Kommissarin Neeli Kroes mit einer PC-Hauptplatine in der Hand. Kroes zeigt deutlich auf den Prozessor als Herzstück des Motherboards, und jedem wurde auf einen Blick klar, welche Macht und Bedeutung der Prozessorhersteller für jeden Computerbenutzer in Europa hat.

Aber: Führen Sie keine Materialschlacht. Sie zeigen Stärke und Sicherheit, wenn Sie mit wenigen, dafür umso besser vorbereiteten Materialien auskommen. Wer mit prallen Aktentaschen und Papierbergen anrückt, hat es sichtlich nötig. Zudem können Sie nicht gleichzeitig Ihre Unterlagen sichten, zuhören, mitdenken und spontan antworten. Schreiben Sie lieber kurze Notizen von Argumenten der anderen mit, auf die Sie noch eingehen wollen. Was Sie in jedem Fall brauchen, ist Papier und ein geschmackvoller Kugelschreiber. Füllfederhalter eignen sich hier nicht, selbst wenn Sie sonst damit bevorzugt schreiben. Mit Fairness und Offenheit haben Sie immer die besseren Karten, wenn Sie auf die anderen zugehen können. Sie vergeben also keine Chance oder Ihre Position, wenn Sie den Einwänden, Ansichten oder der Kritik anderer zustimmen. Haben Sie Fehler gemacht und dies ist bekannt, stehen Sie dazu. Gibt ein anderer Fehler zu, hauen Sie nicht drauf – es gilt als unsportlich und führt oft zu einer Solidarisierung von Publikumsteilen.

Sie können sagen, was Sie wollen, solange Sie nicht mit den Händen greifen. Achten Sie auf Ihre Hände! Tatschen Sie nicht Ihre Nachbarn an, Sie werden dafür auch nicht vom Moderator berührt (es sei denn, Sie sitzen bei Michel Friedman). Ist die Person neben Ihnen allerdings jemand, zu der Sie ein bekanntermaßen gutes Verhältnis haben, sieht die Sache anders aus: Hier können Sie signalisieren, dass Sie einen Verbündeten haben – wenn die Diskussion das auch zeigt. Oft tauchen Probleme mit der Disziplin auf und erschweren die Moderation wie die Aufnahme bei Publikum. Fallen Sie anderen nicht fortgesetzt ins Wort! Sie sollten grundsätzlich andere ausreden lassen, denn Sie wollen es ja auch nicht, dass man Sie unterbricht. Für die Disziplin ist der Moderator da, und wird er seiner Aufgabe nicht gerecht, fällt es auf ihn zurück. Bleiben Sie hier immer überlegen, aber verschaffen Sie sich Gehör beim Publikum. Sie diskutieren ja eigentlich nicht mit dem Moderator, selbst wenn der Ihnen Fragen stellt, sondern immer mit dem Publikum, das Sie erreichen wollen. Dennoch ist es wichtig, auch gegenüber dem Moderator Grenzen zu erkennen und zu ziehen. Hält sich der Moderator nicht an eine vorher getroffene Abmachung, etwa bestimmte Themen nicht zu erörtern, dann weisen Sie ihn darauf hin, dass Sie dazu nichts sagen können oder werden – selbst wenn die Kamera läuft. Niemals sollten Sie den Fehler machen, sich unter Antwortdruck setzen zu lassen oder zu Dingen Stellung zu nehmen, wenn Sie dies vorher für sich ausgeschlossen haben. Sie schaden sich mit solchem Extemporieren fast immer selbst.

Den Spannungsbogen nutzen

Diskussionen haben einen Spannungsbogen, der sich aus der Situation heraus entwickelt, und dem Schluss kommt besondere Bedeutung zu. Sie brauchen immer genügend Munition, verschießen Sie also nicht alles vorzeitig. Gibt es ein wesentliches, schwer widerlegbares Argument oder ein wichtiges Faktum, dann heben Sie es sich auf. Achten Sie dabei auf den Diskussionsverlauf: Wenn das Thema „durch“ ist, können Sie es nicht am Ende noch einmal aufmachen – dies ist leicht zu durchschauen und kann schnell pariert werden. Achten Sie auch auf die Uhr: Nicht jedes Mal können alle Beteiligten ihr Statement zum Schluss auch anbringen, oft läuft der Abspann durch. Das letzte Statement hätte jeder gern, oft hat es der Moderator. Seien Sie am Ende lieber pointiert und klar als weit zusammenfassend.

Ein alter Trick von erfahrenen Diskutanten besteht darin, eine so einfache wie wirkungsvolle Strategie bei der Aufteilung der Argumente vorzunehmen: Stellen Sie Ihr zweitbestes Argument immer an den Beginn, also in Ihr Eröffnungsstatement. Ein solcher Einstieg zeigt Ihrem Publikum, wohin die Reise mit Ihnen geht und dass es nicht langweilig wird – wecken Sie also das Interesse und die Aufmerksamkeit. Wenn Sie „halb stark“ eingestiegen sind, steigen Sie am Ende „ganz stark“ aus: Stellen Sie Ihr stärkstes Argument immer an den Schluss. Der erste Eindruck zählt, der letzte bleibt – vor allem vor Publikum und in den Medien.

Markant mit Markenzeichen

Mercedes steht für hochwertige Limousinen, Bordeaux für einen tollen Wein und … wofür wollen Sie stehen? Marken haben eine Strahlkraft über den einzelnen Moment hinaus, eine Marke inspiriert unser Vertrauen in eine bestimmte Leistung, ohne dass man diese Leistung im Einzelfall nachweisen muss.

Mit einem starken Markenbild Ihrer Persönlichkeit können Sie prägnant wirken und erfolgreicher sein. Ihre Marke hilft Ihnen bei der besseren Darstellung Ihrer Person und Ihrer Leistungen – „Self-Branding" nennen Marketingprofis diesen Prozess.

Ausschlaggebend sind eine eindeutige Positionierung und eine positive Wahrnehmung. Wenn es Ihnen gelingt, das Besondere an Ihrer Persönlichkeit fokussiert darzustellen, mit den wichtigen Elementen auf der rationalen und auf der emotionalen Ebene, dann werden Sie sichtbarer sein, als kompetenter wahrgenommen und damit letztendlich auch erfolgreicher werden.

Was diese „Marke" ausmacht, das können Sie gestalten und entwickeln: Was wissen Sie? Was können Sie? Was tun Sie besonders gut und besser als andere? Was hebt Sie von anderen ab? Wie können Sie die wichtigen Elemente Ihrer Marke in den Köpfen der Menschen verankern? Wie können Sie allen klarmachen, wer Sie sind und wofür Sie stehen? Mit den für Sie passenden Antworten sind Sie dem Ziel schon wieder etwas näher, bei anderen über den Tag hinaus im Gedächtnis zu bleiben.

DAS AUTOREN-DUO

Reiner Neumann

Der Diplom-Psychologe ist seit Jahren ein gefragter Trainer und Berater. Zu den Kunden seiner erfolgreichen Seminare und Coachings zählen viele internationale Konzerne, aber auch mittelständische und kleinere Unternehmen. Reiner Neumann arbeitet regelmäßig mit Vorständen, Geschäftsführern und Personen des öffentlichen Lebens. Akademisch war Reiner Neumann nach dem Studium am Max-Planck-Institut für Bildungsforschung in Berlin und an der Ruhr-Universität Bochum tätig. Er hat häufig Lehraufträge an verschiedenen Hochschulen und Business Schools. Seine Managementkompetenz gründet sich auf einer langjährigen Berufserfahrung als Manager und als Berater, davon sechs Jahre im Ausland. Er war unter anderem Leiter Personalentwicklung und Ausbildung für die Hamburg Mannheimer AG, Bereichsleiter bei Mummert und Kienbaum sowie Vice President der ABB Business Services.

Reiner Neumann führt seit Jahren Seminare mit Partnern wie dem F.A.Z.-Institut und der Deutschen Presseakademie durch und als Partner der Bernd Remmers Consultants. Er veröffentlicht Bücher und Aufsätze zu Themen aus dem Management.

Kontakt: r.neumann@neumannross.de

Alexander Ross

MSc (Comm), MAS, ist Wirtschaftsautor und Berater. Er trainiert Führungskräfte in Auftritt, Argumentation und Wirkung und ist als Redenschreiber für DAX-Vorstände tätig. Ross arbeitete 15 Jahre als Manager im In- und Ausland, war Gesellschafter einer IT-Firmengruppe für Zeitungsverlage in Deutschland, Direktor eines Schweizer E-Learning-Konzerns und Marketingchef einer Stiftungshochschule. Er schreibt über Wirtschaft, Politik und Wissenschaft für namhafte Medien wie *Spiegel Online, Handelsblatt, Capital, Welt, Financial Times Deutschland, Tagesspiegel* und *taz* und schrieb eineinhalb Jahre lang für das politische Magazin *Cicero*.

Der Wirtschafts- und Kommunikationswissenschaftler ist seit 2000 Dozent der Berliner Journalistenschule sowie für die Bundeswehr-Akademie, F.A.Z.-Institut, Deutsche Presseakademie und andere. Er war Vorstand des Verbands der Redenschreiber und ist gefragter Redner, Diskutant und Moderator.

Kontakt: a.ross@neumannross.de

Gemeinsam veröffentlichten Reiner Neumann und Alexander Ross neben zahlreichen Fachartikeln bereits mehrere Wirtschaftsbücher, darunter der Bestseller *Der perfekte Auftritt* (2004, mehr als 50 Wochen in den Bestenlisten), den *Fettnapf-Slalom für Manager* (2007) und *Der Macht-Code* (2007, 2. erweiterte Auflage 2009). *Souverän auftreten* ist ihr sechstes gemeinsames Buch.

BIBLIOGRAFIE – LITERATUR ZUM THEMA

Neben den nachfolgend aufgeführten Büchern haben wir neben vielen eigenen Veröffentlichungen in Zeitungen und Zeitschriften auch zahlreiche andere Artikel herangezogen, insbesondere für Beispiele. Diese Artikel sind hier nicht mehr im Einzelnen genannt. Die von uns genutzten Veröffentlichungen erschienen vor allem in *Capital*, *Cicero*, *Economist*, *Spiegel*, *Financial Times Deutschland*, *Focus*, *Frankfurter Allgemeine Zeitung* und *Frankfurter Allgemeine Sonntagszeitung*, *Handelsblatt*, *Impulse*, *Manager Magazin*, *Manager Seminare*, *Neon*, *Profil*, *Stern*, *Süddeutsche Zeitung*, *Welt* und *Welt am Sonntag*, *Weltwoche*, *Wirtschaftswoche*.

Alt, J. A: *Richtig argumentieren*. München: 2000

Anton, K.-H.: *Mit List und Tücke argumentieren*. Wiesbaden: 2001

Argyle, M.: *Körpersprache und Kommunikation*. Paderborn: 1989

Aubuchon, N.: *The Anatomy of Persuasion*. New York: 1999

Baron, R. A.; Byrne, D.: *Social Psychology*. Boston: 1977

Bredemeier, K.; Neumann, R.: *Kreaktiv PR*. Zürich: 1997

Bredemeier, K.; Neumann, R.: *Nie wieder sprachlos*. Zürich: 1999

Brehm, S. S.; Kassin, S.; Fein, S.: *Social Psychology*. Boston: 2005

Caroll, L.: *Alice im Wunderland*. Frankfurt am Main: 1963

Cerwinka, G.; Schranz, G.: *Die Macht des ersten Eindrucks*. Frankfurt: 1998

Cerwinka, G.; Schranz, G.: *Die Macht der versteckten Signale*. Frankfurt: 1999

Cialdini, R. B.: *Influence: Science and practice*. Needham Heights: 2001

Coblenzer, H.; Muhar, F.: *Atem und Stimme*. Wien: 1999

Demarais, A.; White, V.: *First Impressions*. New York: 2004

Deutscher, G.: *Du Jane, ich Goethe*. München: 2008

Ebeling, P.: *Rede ohne Lampenfieber*. Landsberg: 1975

Ekman, P.; Friesen, W. V.: *Unmasking the face*. Englewood Cliffs, N. J.: 1975

Forgas, J. P.: *Soziale Interaktion und Kommunikation*. Weinheim: 1999

Frey, S.: *Die Macht des Bildes*. Bern: 1999

Guirdham, M.: *Interpersonal Skills at Work*. London: 1995

Hall, Edward T.: *The hidden dimension*. New York: 1966

Jeary, T.: *Inspire any audience*. Tulsa: 1997

Klotzki, P.: *Wie halte ich eine gute Rede? In 7 Schritten zum Publikumserfolg*. München: 2004

Ledoux, J.: *Das Netz der Gefühle*. München: 2003

Lyle, J.: *Body Language*. London: 1990

Neumann, R.: *Schlagfertig reagieren im Job*. Landsberg am Lech: 2001

Neumann, R.; Ross, A.: *Der Macht-Code. Spielregeln der Manipulation*. München: 2007

Neumann, R.; Ross, A: *Der perfekte Auftritt*. Hamburg: 2004

Neumann, R.; Ross, A.: „Körpersprache: Ich sehe, was Sie verschweigen". In: *JURACON Handbuch 2008*, Frankfurt 2008

Neumann, R.; Ross, A.: „Manager oder Messias? Führung, HR-Kommunikation und Auftritte von Spitzenmanagern". In: Doerfel, L.: *Interne Kommunikation*. Berlin: 2007

Neumann, R.; Ross, A.: *Souverän vor Publikum*. Landsberg am Lech: 2003

Richardson, J.: *Erfolgreich kommunizieren*. München: 1992

Ross, A.; Neumann, R.: *Fettnapf-Slalom für Manager*. Frankfurt am Main: 2007

Schneider, W.: *Deutsch für Profis. Wege zu gutem Stil*. München: zahlreiche Auflagen

Schulz von Thun, F.: *Miteinander reden: Störungen und Klärungen – Psychologie der zwischenmenschlichen Kommunikation*. Hamburg: 1981

Tucholsky, K.: „Ratschläge für einen schlechten Redner". In: *Gesammelte Werke in 10 Bänden*. Band 8. (1930). Herausgegeben von Gerold-Tucholsky, M. & Raddatz, F. J. Reinbek bei Hamburg: 1975

Watzlawick, P.; Beavin, J. H.; Jackson, D. D.: *Menschliche Kommunikation*. Bern: 1982